辽宁省科技厅重点研发计划指导项目"教育大数据画像技术
辽宁省教育厅 2019 年度创新人才支持计划成果

U0500180

学术影响力评估、
预测与推荐

XUESHU YINGXIANGLI PINGGU、
YUCE YU TUIJIAN

白晓梅　著

知识产权出版社
全国百佳图书出版单位
——北京——

图书在版编目（CIP）数据

学术影响力评估、预测与推荐/白晓梅著.—北京：知识产权出版社，2021.10

ISBN 978-7-5130-7745-3

Ⅰ．①学… Ⅱ．①白… Ⅲ．①学术价值–研究 Ⅳ．①G30

中国版本图书馆 CIP 数据核字（2021）第 198157 号

内容简介

学术影响力是衡量学术实体的重要的评价指标。如何合理、公平地评估学术影响力，准确预测学术影响力并进行精准推荐，正面临着隐式关系、动态学术网络嵌入以及学术影响力膨胀等方面的诸多挑战，已引起国内外科研工作者的广泛关注。本书介绍了作者在学术影响力评估、预测与推荐方面的研究成果，展示了数据驱动的学术影响力评估、预测与推荐研究的技术趋势。

本书内容对于学术大数据研究具有一定的参考意义，既适合专业人士了解学术影响力评估、预测与推荐的前沿热点，也可以作为对学术大数据研究感兴趣的本科生和研究生的学习读物。

责任编辑：阴海燕　　　　　　　　责任印制：孙婷婷

学术影响力评估、预测与推荐

XUESHU YINGXIANGLI PINGGU、YUCE YU TUIJIAN

白晓梅　著

出版发行：知识产权出版社有限责任公司	网　　址：http://www.ipph.cn
电　话：010－82004826	http://www.laichushu.com
社　　址：北京市海淀区气象路 50 号院	邮　　编：100081
责编电话：010－82000860 转 8693	责编邮箱：laichushu@cnipr.com
发行电话：010－82000860 转 8101	发行传真：010－82000893
印　　刷：北京中献拓方科技发展有限公司	经　　销：各大网上书店、新华书店及相关专业书店
开　　本：720mm×1000mm　1/16	印　　张：7
版　　次：2021 年 10 月第 1 版	印　　次：2021 年 10 月第 1 次印刷
字　　数：120 千字	定　　价：39.00 元

ISBN 978-7-5130-7745-3

前言
PREFACE

学术影响力评估、预测与推荐在国家科研基金分配、人才引进及科研奖励等方面扮演着重要角色，因此，学术影响力评估、预测与推荐研究已经受到国内外科研工作者的广泛关注。本书共包括四章。

第 1 章主要综述学术影响力评估的方法。在学术影响力量化研究中，有两个大的转变：一个是从非结构方法向结构化方法过渡；另一个是从单一学科的学术影响力评价到跨学科的学术影响力评价的转变。尽管有大量的研究展示量化学术影响力评估的方法，但是学术影响力评估研究中还存在许多挑战性的问题，如合作影响力的模式、统一的评价标准、隐式成功因素挖掘、动态学术网络嵌入以及学术影响力膨胀。

第 2 章主要针对现有的基于网络结构化的论文影响力评估方法以及机构影响力评估方法中存在的弊端，即没有在异构的学术网络中共同量化机构和论文的影响力，提出了基于机构-引用网络的 PageRank 评估方法。基于机构与论文之间的关系，构造了一个异构的学术网络机构-引用网络。基于机构-引用网络，利用 PageRank 算法，计算机构和论文影响力评分。基于此，比较 IPRank 算法和对比算法。本章在一个真实的数据集上进行了相关的实验，并证明了本文提出基于机构-引用网络的 PageRank 算法优于现有的评估方法。基于机构-引用网络的 PageRank 算法能够更好地识别诺贝尔奖的论文和获得诺贝尔奖的机构。

第 3 章针对 KDD CUP 2016 竞赛预测机构影响力这一目标，提出了三个基于机器学习的多特征的预测模型，如马尔科夫模型、神经网络模型和基于支持向量机和神经网络的模型。在三类模型中，主要使用的特征包括机构历史的评分、时间信息和空间信息。实验结果表明 SVM+NN 类模型的预测性能总体上好于马尔科夫模型和神经网络模型。在实验中，我们发现有两个有趣的现象：（1）给定相同的预测方法，不同的会议数据，可能得到不同的预测效果。这表明，模型的预测力与实验数据紧密相关。（2）在一定程度上，时间加权和国家加权能够提升模型的预测力，但是，提升的幅度和实验数据紧密相关。这表明，不同算法的预测力与实验数据是相关的。

第 4 章主要介绍了学术论文推荐系统的方法包括基于内容过滤的推荐、基于协同过滤的推荐、基于图的推荐以及基于混合方法的推荐等。此外，本章详细介绍了论文推荐系统的评价指标包括准确性（Precision）、召回率（Recall）、F 值（F-measure）、归一化折损累计增益（NDCG）、均值平均精度（MAP）、平均倒数排名（MRR）、均方根误差（RMSE）、平均绝对误差（MAE）、用户覆盖率（UCOV）。最后，我们讨论了学术论文推荐系统中几个挑战性的问题：冷启动、稀疏性、可扩展性、隐私性、偶然性以及统一的数据标准。

本书的出版，得益于 2018 年辽宁省科技厅重点计划指导项目以及 2019 年辽宁省教育厅高等学校创新人才支持计划的资助。本书主要面向从事学术大数据研究的科研人员以及相关研究领域的广大师生。由于学术影响力评估、预测及推荐的相关研究发展迅速以及作者能力有限，书中若有不妥之处，敬请广大读者与同行专家提出宝贵的意见。在此，感谢鞍山师范学院校领导和科技处领导，给予我大力支持和经费保障，特别向为本专著的出版做出贡献的同志表示衷心的感谢！

白晓梅

2021 年 1 月

目　录

CONTENTS

第 1 章　学术影响力评估概述

学术影响力主要是指在一段时间内论文、作者、期刊以及机构等对相关学术研究领域内科研活动的影响范围和影响深度。它是衡量学术实体的最重要的评价指标。由于学术影响力评估在国家科研基金分配、人才引进以及科研奖励等方面扮演着重要角色，所以，学术影响力评估研究已经受到国内外科研工作者的广泛关注。最近，关于学术影响力评估的研究层出不穷，已经取得了一系列可喜可贺的研究成果。该领域一个重要的研究方向就是量化科学的成功。本章主要围绕量化科学的成功开展论述，具体包括以下内容：研究背景与意义、论文影响力评估、学者影响力评估、期刊影响力评估、开放性和挑战性问题以及针对该领域提出的解决问题的方法。学术影响力评估中非常重要的三类实体（论文、学者和期刊）评估在本章分别进行了详细的介绍，包括影响学术影响力的相关因素、评价指标以及评估方法。

1.1　引言

科学中的成功指的是在科研工作者职业生涯中所取得的成就。量化科学的成功这一研究主题已经吸引了文献计量学和科学计量学领域的专家和学者的关注。有影响力的学者发表的期刊论文或会议论文，总是有许多追随者。"站在巨人的肩上"，可能取得更具影响力的科研成果。因此，对于研究者而言，检索论文是非常重要的。然而，近些年，随着信息技术飞跃式的发展，学术大数据的数量以指数级增长。在浩瀚的学术论文的海洋中，捕捉有影响力的学术论文是一件非常具有挑战性的任务。其中蕴含着许多技术的支撑，包括大数据挖掘、大数据管理、大数据分析以及大数据检索等[1-5]。当研究者利用学术搜索引擎搜索论文时，研究者希望搜索到和他们研究主题非常相关的前沿的学术论文，希望搜索到的论文能够对他们的实际研究有所启发和帮助。这样的学术论文在哪里？为了识别研究者真正需要的有影响力的论文，学术影响力评估领域的重要的专家和学者都进行了积极的探索，给出了学术影响力的量化方法。量化论文影响力和量化期刊影响力能够帮助研究者识别出所从事的研究领域里前沿的工作。量化学者影响力在国家基金分配、人才培养、人才引进、科研嘉奖等方面具有重要的指导意义[6-7]。

量化科学的成功主要集中在量化学术实体目前的影响力，包括论文、学者、期刊、学术团队以及机构的影响力[8-11]。因为关于论文、学者和期刊影响力的研究工作相对更多，本章主要介绍科学的成功研究中以上三个方面的研究。引用量是最有代表性的论文评价指标。目前，引用量也常常用于学术论文影响力的评价。引用量能够作为全世界公认的一个评价指标，是有其自身优势的。引用量最大的优势在于引用量统计起来容易。随着时间的推移，有影响力的论文的引用量会逐渐增加，论文发表的年限越久，其引用量会越高[12-14]。一篇学术论文成功与否主要通过学术论文的评价指标进行评定。目前，学术影响力评估方法主要分为基于量化的评估方法和基于网络的评估方法。基于量化的评估方法中最具代表性的方法包括引用量、h-index 以及期刊影响因子[15-16]。引用量主要用于评价论文的影响力。h-index 是在引用量的基础上衍生的评价学者影响力的评价指标。期刊影响因子也是基于引用量的评价期刊影响力的评价指标。不同的学术实体能够构成不同的学术网络如引用网络、合作者网络以及共引网络等[17]。目前，基于不同的学术网络，HITS 类型算法和 PageRank（网页排名）类型的算法被用于评估学术影响力，这两类算法均为结构化的评估方法。学术网络的特征是非常重要的评估论文影响力特征。基于这些特征，许多研究者改进 PageRank 算法[18]或 HITS 算法[19]，目的是更好地评估学术论文的影响力。

与论文影响力评估类似，学者影响力评估也受到许多内部和外部因素的影响。目前，该领域的研究者已经研发了许多评估学者影响力的方法如 h-index[20]，g-index[21]，和 hg-index[22]。但是，这些基于量化的评价指标存在一定的弊端，如年轻学者的 h-index 值相对要低。主要原因在于这些量化的指标和学者的学术年龄相关。为了避免基于量化的指标对年轻学者的不公平评价，一个更好的评估策略就是基于学术网络进行评估。

评价期刊影响力也是量化科学影响力的一个重要方面。像评估论文影响力和学者影响力一样，研究者也研发了基于学术网络的期刊影响力评估方法[23-26]。基于学术网络的期刊影响力评估方法主要利用 PageRank 算法、HITS 算法以及利用期刊引用网络中结构化的位置。一个非常流行和公认的评估期刊影响力的方法就是期刊引用报告（Journal Citation Reports，JCR）。

尽管全世界的研究者们已经不断研发新的学术影响力评估的方法，但是，目前的评估方法存在许多限定。每个评价学术影响力的指标都存在一定弊端。学术影响力评价是一个非常具有挑战性的任务，其挑战性主要在于学术网络的异构性、时变性以及动态性。随着学术影响力评估方法的不断改进，更多的学术研究者从隐式特征和隐式关系着手进行学术影响力评估[27]。

本章主要阐述近期学术影响力评估研究的进展。本章的内容对先前的相关综述是一个重要的补充。怀尔德加德等（Wildgaard et al.）[28] 写了一篇关于作者影响力评估的综述。白等（Bai et al.）[9]73 写了一篇关于论文影响力评估的综述。两篇学术影响力评估的综述分别介绍了作者影响力评估和论文影响力评估。后一篇论文重点介绍了论文影响力评估方法中常用的关键技术和论文评价标准。鉴于以上两篇综述，本章学术影响力评估主要介绍论文、学者和期刊的影响力评估。非常值得一提的是，本章着重介绍影响学术影响力的因素以及各类评估方法。

图 1.1 显示了学术影响力评估框架。评估学术影响力主要包括以下 6 个方面：（1）数据集；（2）数据预处理；（3）学术关系分析；（4）特征因素选择；（5）评估方法；（6）评价标准。目前，评估学术影响力常用的可公开访问的学术数据集主要包括美国物理学会（APS）数据集，数字书目与图书馆项目（DBLP），以及微软学术图谱（MAG）数据集。在评估学术影响力研究中，数据预处理是非常关键的一个环节，数据预处理的好坏直接关系到实验结果的优劣。基于同构和异构的学术网络，学术关系也可分为同构学术网络关系和异构学术网络关系，如引用关系归属于同构学术网络关系，而论文–期刊关系则属于异构的学术网络关系。学术网络的关系分析，是近年来研究者重点关注的研究，该研究

直接关系到学术影响力评估的准确性以及合理性。学术特征选择的不同，评估结果也随之不同。常用于评估学术影响力的因素有引用量、论文数量、作者数量、期刊的权威以及期刊影响因子等。目前，随着研究者对学术影响力评估方法的不断深入研究，学术影响力评估方法已经从基于量化的方法向基于网络的方法转变。评估方法的好坏，归根结底要通过评估方法来证明，通常，斯皮尔曼等级相关系数，折损累计增益（DCG）和推荐强度（RI）用于评价评估方法的好坏[29-30]。

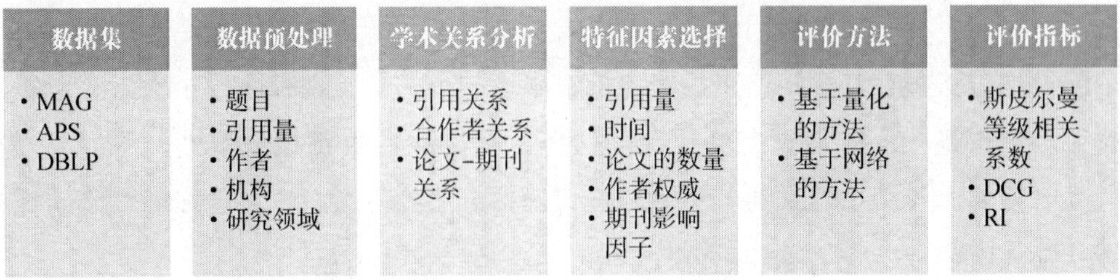

数据集	数据预处理	学术关系分析	特征因素选择	评价方法	评价指标
• MAG • APS • DBLP	• 题目 • 引用量 • 作者 • 机构 • 研究领域	• 引用关系 • 合作者关系 • 论文-期刊关系	• 引用量 • 时间 • 论文的数量 • 作者权威 • 期刊影响因子	• 基于量化的方法 • 基于网络的方法	• 斯皮尔曼等级相关系数 • DCG • RI

图 1.1　学术影响力评估框架

本章我们搜索文献主要通过谷歌学术、微软学术以及百度学术等。我们首先在搜索框中输入关键词如论文影响力、期刊影响力、学者影响力等。然后筛选出最近出版的相关主题的期刊和会议论文，再进一步筛选出发表在重要期刊和顶级会议上相关的论文。基于之前筛选的结果，继续搜索这些论文的引用论文和文献，进行进一步筛选，最后形成本章内容。基于这些论文，我们对影响学术影响力的因素以及评估方法进行分析和总结。

其他小节安排如下：在第二节，我们讨论论文影响力评估方法。在第三节，我们详细介绍学者影响力评估方法。第四节主要介绍期刊影响力评估方法。在第五节，我们讨论开放的问题。最后，我们在第六节总结该综述。

1.2　论文影响力评估

这部分主要详细介绍论文影响力评估方法以及这些方法的优缺点。评估学术影响力，我们从评估论文影响力写起，主要是因为学者和期刊影响力评估基本上都是基于论文影响力评估方法。因此，论文影响力能否被准确地量化，对学术实体的评估是至关重要的。尽管一篇论文的学术价值主要源于该论文的内容，但是评价这篇论文内容非常容易受到主观因素的影响。因此，这种现象驱使研究者去研发更加准确、更加有效的评估方法。为了更合理地评估学术影响力，一个可能的解决方法就是构造多维的评价标准，这就需要研究者进一步探索引用的重要度、作者的社交关系、早期引用者和学术论文影响力之间的关系以及引用膨胀等方面。

1.2.1　影响论文影响力的因素

表 1.1 显示评估论文影响力时常用的特征，包括文献、选择的特征、统计特征、网络特征、显式特征、隐式特征以及评价论文影响力。

表 1.1　论文影响力评估选择特征示例

文献	选择的特征	统计特征	网络特征	显式特征	隐式特征	评价论文影响力
文献 [14]	论文的引用率；时间	是	否	是	否	在给定时间内的引用率
文献 [27]	相对引用权重	是	否	是	否	在高阶量子 PageRank 算法上应用一个相对引用权重
文献 [30]	合作次数、合作时间跨度、引用次数和引用时间跨度	是	否	是	否	在引用网络中弱化利益冲突关系
文献 [31]	引用量	是	否	是	否	引用量
文献 [32]	引用量、作者、期刊/会议以及出版时间	否	是	是	是	整合选择的特征到 PageRank 算法和 HITS 算法
文献 [33]	兴趣偏好、时间以及适合性	是	否	否	是	识别三个基本机制评估论文长期影响力
文献 [34]	论文的重要性	否	是	是	否	应用谷歌 PageRank 算法去获得所有出版物相对的重要度

续表

文献	选择的特征	统计特征	网络特征	显式特征	隐式特征	评价论文影响力
文献 [35]	引用相关和作者贡献	否	是	是	否	使用选择的特征加权引用网络和作者网络去评估论文影响力
文献 [36]	Altmetrics	是	否	是	否	引用量、博客、推特数、下载量等
文献 [37]	论文的权威，作者的权威以及时间	是	是	否	是	使用引用网络、论文–作者网络以及出版时间评估论文影响力
文献 [38]	时间加权的引用量、引用宽度和引用深度	是	否	否	是	利用熵加权评价指标

长期以来，引用量都被用来作为评价论文影响力的一个指标[31]。由于引用量的获得相对比较简单，所以引用量容易被某些人员操纵。比如，为了获得更多的引用量，研究者可能引用自己的论文，不是从论文相关性的角度进行引用，而是单纯为了提高引用量，这类引用被称作自引。还有一类引用被称作互引。互引的由来主要是熟悉的研究者彼此互相引用，为彼此提高引用量，而不去理会论文之间是否存在相关性。也有为了提升论文的引用量，某些研究者到处拜托朋友帮忙引用。由于这些引用不是从论文之间相关性角度出发，单纯是为了提升引用量，所以这类引用势必导致论文影响力评价的不公平。对于这些不适当的引用，我们在先前的研究中利用高阶加权的引用网络来弱化自引[27]1。

已有研究表明，一般情况下，随着时间的推移，论文的影响力也会随之衰减，论文发表的时间是影响论文影响力的一个重要因素。通常来说，对于两篇非常相关的论文，一篇发表时间长的论文要比另一篇新发表论文的引用量要多。但是，由于研究者更多倾向于引用新发表的权威的论文，这样的话，新发表的论文会吸引更多的引用量，而发表时间较长的论文吸引引用量会逐渐减少。还有一些论文，虽然在出版的一段时间内，很少被引用，但是，经过某个时间点，论文的引用量会急剧上升，这样的论文被称为"睡美人"。彼得罗等（Pietro et al.）[14]734的研究表明，研究者对某篇论文的关注度逐渐减少是非常普遍的现象，而且衰减率接近幂律分布。除了时间因素，论文的权威以及作者的权威也被用于评价论文影响力[37] 533。基于以上三个因素，他们评价论文影响力通过预测学术论文在未来的引用量。王等（Wang et al.）[33] 127 也使用时间因素来评估论文的影响力。王等（Wang et al.）[38] 96-198 首先设计了三个指标：时间加权的引用量、引用宽度以及引用深度，然后他们利用熵去加权这些指标，目的是评估论文影响力。陈等（Chan et al.）[39] 在他们的研究中发现作者的影响力和机构的影响力在论文发表的早期阶段能够提升论文的影响力，但是在接下来的阶段，这种影响会非常快速的衰减。陈等（Chen et al.）[34] 8 在引用网络中运用谷歌 PageRank 算法，成功地发现了科学基因。张等（Zhang et al.）[35] 616 构建一个异构的作者–引用网络，在此基础上评估作者和论文的影响力。

除了上述提及的因素，论文影响力也受到其他因素的影响，如个人、机构合作和国际合作、文献的影响力、文献总量、关键词量和摘要的可读性等[40]。兴趣偏好、适应性以及时间因素也被用于量化学术论文的长期影响力[33] 127。之所以研究者选用这三个因素，主要是这三个因素代表了论文影响力内在的驱动力。兴趣偏好能够反映这样一个事实：相比低被引论文，高被引论文更容易被引。适应性因素反映学术论文之间固有的差异。时间因素代表论文的影响力随时间而变化。论文影响力评估方法的演变经历了一个漫长的过程，从简单的引用量到期刊影响因子，期刊影响因子用于评价论文影响力，它可被看成是一种可替换的度量方法[41]。从非结构化的方法到结构化的方法，引用量、期刊影响因子以及近几年流行的替代计量学（Altmetrics）均属于非结构化评估方法。Altmetrics 评估学术论文影响力主要依赖于社交媒体平台如引用量、浏览次数、推特数以及下载量等[36] 159。由于新发表的论文引用量是非常少的，Altmetrics 的好处在于可以尽早地发现哪篇学术论文获得更多的关注，以及更可能称为有影响力的论文，Altmetrics 的评分是目前现有评估方法的一个重要的补充[42]。既然研究者们已经发现有许多因素影响学术论文的影响力，所以研究者们设计了不同的论文影响力评估方法[43-46]。

1.2.2　基于量化的论文影响力评估方法

表 1.2 显示了几种基于量化的评估论文影响力的方法，该方法从以下几个方面比较不同方法的异同，包括方法和文献，选择的特征，每个引用的重要度、优点和缺点。

表 1.2　基于量化的论文影响力评估方法示例

方法和文献	选择的特征	每个引用的重要度	优点	缺点
引用量	引用量	相等	获取容易	容易被操纵；强烈依赖论文发表的时间
影响因子	论文的数量，论文的引用量及时间	相等	计算方便	容易被操纵。不同学科很难统一影响因子
SVR 模型	发生的次数，时间间隔，自引	不相等	能够区分引用的重要度	很难计算
有监督的机器学习模型	引用位置，语义相似，被引频次以及引用量	不相等	能够区分引用的重要度	很难计算
引用和期刊影响因子的标准化分布	引用分布以及期刊影响因子	相等	比较方便	容易被操纵

　　加菲尔德（Garfield）[47] 首先提出使用引用量评价学术论文的影响力。引用量是最简单和最直接的基于量化的评估论文影响力的方法。尽管引用量作为评价论文影响力的评价标准有其自身的优势，比如计算简单、获取方便。但是，由于引用量比较容易获取，所以也常常被某些研究者利用，如为了提升自身的影响力，不惜操纵引用量。这就导致引用量作为评价指标存在一定的不足，如引用量严重依赖论文发表的周期，时间越长，引用量越多。为了弥补这一不足，一些研究者提议使用期刊影响因子替换引用量来评估论文的影响力[41]。之所以这样提议，主要是在于，在某种程度上，期刊的影响力能够代表论文的影响力。也就是说发表在顶级会议或是级别高的期刊要比发表在普通会议或是级别低的期刊的影响力要高。但是，赛格伦（Seglen）[41]498 通过研究发现期刊影响因子并不适合表示论文的影响力。此外，也有研究表明，不是所有的引用量都是同等重要的，所以，为了合理地评估论文的影响力，区分引用的重要度是非常必要的[45]408。

　　为了区分引用的重要度，研究人员已经进行了许多方面的尝试。王等（Wan et al.）[44]1929 将引用重要度划分为五个等级。这五个等级的划分，主要依赖于以下特征：发生次数、出现的章节、时间间隔、引用句子的平均长度、引用发生的平均密度以及自引。在此基础上，他们通过事先标记的标签数据以及应用 SVR

模型去计算每个引用的重要度。这样，一篇论文的影响力最后通过计算所有引用强度之和就能获得。他们的实验结果表明，区分引用强度能够更好地量化论文的影响力。朱等（Zhu et al.）[45]408 通过识别一个特征集来评估学术论文的影响力，这个特征集包括四个特征，如论文中的引用位置、引用论文和被引论文题目之间的语义关系、被引频次以及论文的引用量。

安弗西等（Anfossi et al.）[46]671 在已有研究的基础上提出了他们的评估观点，他们认为整合几个评价指标一起评价论文影响力或许是更好的选择。他们提出利用引用量和期刊影响因子的标准化分布来评价论文的影响力。在此基础上，论文的影响力可以通过下面的公式来计算。

$$f_n(\text{CIT}, \text{JIF}) = \text{Const}_n + a_{1n} \cdot \text{CIT} + a_{2n} \cdot \text{JIF} + a_{3n} \cdot \text{CIT} \cdot \text{JIF} +$$
$$a_{4n} \cdot \text{CIT}^2 + a_{5n} \cdot \text{JIF}^2 + \cdots \tag{1.1}$$

其中，Const_n 表示一个常量，该常量控制这个区域的划分；a_{1n}、a_{2n} 等都表示常量，n 指的是论文 n，某一篇论文；CIT 表示论文的引用量，不同的划分会带来不同的论文分类结果；JIF 表示期刊影响因子。与安弗西等的工作类似，安卡亚妮等（Ancaiani et al.）[48] 研究大学和其他学术实体的研究成果的分析。

由于社交媒体技术的发展，越来越多的学术成果在社交媒体上展示，其好处在于能够帮助学者提升其影响力。这也是 Altmetrics 能够流行的原因，借助下载量、分享次数以及浏览次数等评价论文的影响力[36]159。基于网络的 Altmetrics 方法也引起了研究者的关注，夏等（Xia et al.）[49] 分析刊登在《自然》（*Nature*）上的论文在推特和脸书上变化。他们的研究表明，推特用户更容易传播《自然》论文的影响力。尽管 Altmetrics 方法能够补充现有的评估方法，但是该方法作为一个评价标准还不具有权威性。主要原因在于，Altmetrics 像引用量一样容易被操纵，如何去克服其作为评价指标的不足，有待研究者进一步去探索。

1.2.3　基于网络的论文影响力评估方法

表 1.3 显示了基于网络的论文影响力评估方法示例。通过比较基于网络的论文影响力评估方法的以下方面：方法和文献、学术网络、同构网络、异构网络、算法以及优点、缺点，研究者能够对基于网络的论文影响力评估方法有一个总体上的认识。

表 1.3 基于网络的论文影响力评估方法示例

方法和文献	学术网络	同构网络	异构网络	算法	优点	缺点
PageRank，文献［34］	引用网络	是	否	PageRank	开始采用结构化的评估方法评价论文影响力	没有考虑论文影响力随时间而衰减
CiteRank，文献［50］	引用网络	是	否	PageRank	倾向于新发表的论文	没有考虑作者和期刊的影响力
非线性 PageRank，文献［51］	引用网络	是	否	PageRank	能够控制论文评分的累计	没有考虑作者和期刊的影响力
PageRank 类型的方法，文献［52］	合作者网络、引用网络、论文－文本特征网络、作者－文本特征网络	是	是	PageRank	能够控制论文评分的累计	没有考虑作者和期刊的影响力
HITS 类型的方法，文献［53］	引用网络、合作者网络	是	是	HITS	同时评价论文和作者影响力	没有考虑期刊的影响力
Tri-Rank，文献［54］	引用网络、合作网络、期刊或会议的引用网络	是	是	HITS	在异构网络中同时排序作者、论文和期刊或会议	没有考虑论文的影响力会随着时间衰减
Future-Rank，文献［37］	引用网络、论文－作者网络	是	是	PageRank 和 HITS	考虑引用量、作者和时间因素排序论文的影响力	没有考虑期刊的影响力
CAJTRank，文献［32］	引用网络、论文－作者网络、论文－期刊网络	是	是	PageRank 和 HITS	考虑引用量、作者、期刊和出版时间共同排序论文	引用权重是一样的
COI-Rank，文献［30］	引用网络、论文－作者网络、论文－期刊网络	是	是	PageRank 和 HITS	在异构的学术网络中区分引用权重	利益冲突关系包含许多因素，不容易挖掘
高阶加权的量子 PageRank，文献［27］	引用网络	是	否	量子 PageRank	能够揭示论文实际的影响力包括必要的自引	时间代价大

　　最为经典的基于网络的论文影响力评估方法是基于 PageRank 算法实现的[18]1。另外一个著名的评价异构网络节点重要度的算法是 HITS 算法。这两个算法经常被用来评估论文的影响力，PageRank 算法通常被用于同构的学术网络，而 HITS 算法通常被用于异构的学术网络。图 1.2 显示论文影响力评估的四个典型的学术网络，

如引用网络、合作者网络、论文–作者网络以及论文–期刊网络。我们从 MAG 数据集中随机挑选计算机科学领域的 10 个作者构建论文影响力评估的学术网络。

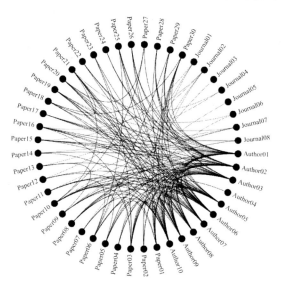

图 1.2　几种典型的评价论文影响力的学术网络

APS 数据集包含从 1893 年到 2003 年的所有论文，陈等（Chen et al. ）[34] 8 基于该数据集，利用 PageRank 算法评估论文的影响力，他们的研究表明，在引用网络中，PageRank 算法能够发现论文之间存在线性关系。近年来，伦敦等（London et al. ）[55] 提出了一个局部 PageRank 算法，该算法仅仅基于引用网络的部分节点。该算法主要思想源于引用量多的论文更容易被重要的论文引用。但是，经典的 PageRank 算法没有考虑时间因素，这就导致一篇发表非常久的论文由于累计引用量的原因而获得更多的影响力，但是这篇论文的真实的价值也可能被新发表的论文所替代。为了解决这一问题，沃克等（Walker et al. ）[50] 设计了 CiteRank 算法，该算法通过给 PageRank 算法加权时间来提升近期发表论文的影响力。其公式如下：

$$T = I\rho_i + (1 - a) W_{ij}\rho_i + (1 - a)^2 W_{ij}^2\rho_i + \cdots \qquad (1.2)$$

其中，T 表示一个所有论文评分的矩阵；a 为常量；W 表示转移概率矩阵，如果 j 引用 i，则 $W_{ij} = 1/K_j^{out}$，否则结果为 0，K_j^{out} 表示第 j 篇论文的出度；ρ_i 表示在引用网络中所选的第 i 篇论文的初始概率，$\rho_i = e^{-age_i/\tau_{dir}}$，$age_i$ 表示第 i 篇论文出版的年数。

为了使 PageRank 算法更适合学术网络，研究者们做了诸多努力。姚等（Yao et al.）[51] 提出了非线性的 PageRank 算法，该算法通过非线性方式整合邻近节点的评分。其公式如下：

$$S_i(t) = a + (1-a)\left[\sum_{j=1}^{n} \frac{1}{N}\delta_{k_j^{out},o}S_j(t-1) + \right.$$

$$\left. \sqrt[\theta+1]{\sum_{j=1}^{n} A_{ij}(1-\delta_{k_j^{out},o})\left(\frac{s_{j(t-1)}}{k_j^{out}}\right)^{\theta+1}}\right] \quad (1.3)$$

其中，$S_i(t)$ 表示论文 t 的评分，a 是一个常数，n 表示论文 t 邻接节点的数量，N 表示所有论文的数量，当 $k_j^{out}=0$ 时，$\delta_{k_j^{out},o}=1$，否则 $\delta_{k_j^{out},o}=0$。k_j^{out} 表示邻接节点 j 的出度，$S_j(t-1)$ 表示论文 $t-1$ 的评分，A_{ij} 表示引用网络的邻接矩阵，θ 参数可调。该方法能够控制论文的累计评分，并且对引用的影响力更敏感。被高影响力的论文引用要比被低影响力的论文引用评分要高。

王等（Wang et al.）[52]1 提出一个 PageRank 类型的方法评估论文影响力，该方法涵盖了几个学术网络，包括时间意识的合作者网络（M^{AA}）、时间意识的引用网络（M^{PP}）、作者-论文网络（M^{AP}）、论文-文本特征网络（M^{PT}）以及作者-文本特征网络（M^{AT}）。其迭代公式如下：

$$R^{t+1} = MR^t, R = (A\_P^T, A\_A^T, A\_F^T)^T, 且 M =$$

$$\begin{pmatrix} \alpha_p M^{PP} \Lambda_I & \beta_p(1-\alpha_p)M^{AP} & (1-\beta_p)(1-\alpha_p)M^{PT} \\ \beta_\alpha M^{AP} & \alpha_\alpha M^{AA} \Lambda_I & (1-\beta_p)(1-\alpha_p)M^{AT} \\ (1-\alpha_f)\Lambda_E M^{PT} & \alpha_f \Lambda_E M^{AT} & \Lambda_0 \end{pmatrix} \quad (1.4)$$

其中，Λ_I 和 Λ_E 表示两个对角矩阵，对角元素分别为 $\Lambda_{II}=1$ 和 $\Lambda_{II}=E_i$。Λ_0 表示一个 0 矩阵。向量 A_P^T，A_A^T，A_F^T 分别表示论文、作者以及文本的权威。

姜等（Jiang et al.）[56] 深入分析引用网络的动态性，提出了一个和 PageRank 算法近似的评估方法。该方法主要考虑三方面因素：论文累计的知识、通过引用行为知识的分布以及随着时间的推移知识的衰减。在上述研究成果的基础上，他们在引用网络中运用随机游走过程。另一类评论论文影响力的评估方法是基于 HITS 算法。周等（Zhou et al.）[53]739 在引用网络和合作者网络中应用 PageRank

算法和 HITS 算法，最后获得论文影响力的评分。其公式如下：

$$a_{t+1} = (1-\lambda)(\widetilde{A}^{\mathrm{T}})^m a^t + \lambda DA^t(AD^t DA^t)^k d^t$$

$$d_{t+1} = (1-\lambda)(\widetilde{D}^{\mathrm{T}})^n a^t + \lambda AD^t(DA^t DA^t)^k d^t \tag{1.5}$$

其中，a_{t+1} 表示作者 $t+1$ 的评分，d_{t+1} 表示论文 $t+1$ 的评分，矩阵 A 和矩阵 D 分别代表合作者网络和引用网络的概率矩阵；$\widetilde{A}$ 表示合作者网络 PageRank 算法过程中的迭代矩阵，$\widetilde{A} = (1-a)A + \dfrac{a}{n_A}II$，$II$ 表示一个所有元素均为 1 的矩阵；$\widetilde{D}$ 具有类似的意义。Tri-Rank 算法与上述方法类似[54]493。

此外，还有一些方法整合 PageRank 算法和 HITS 算法，共同评估论文的影响力。一个典型的方法就是 FutureRank 算法，不同于其他方法，FutureRank 通过预测论文和作者未来的 PageRank 评分来排序论文和作者。PageRank 算法被用于引用网络，目的是计算论文的影响力，然后利用 HITS 算法为论文和作者的权威评分。论文影响力的最终评分由如下公式可得

$$S(P_i) = \alpha\,\mathrm{PageRank}(P_i) + \beta\,\mathrm{Authority}(P_i) + \gamma\,\mathrm{Hub}(P_i) +$$

$$(1-\alpha-\beta-\gamma)(1/n) \tag{1.6}$$

其中，α，β，γ 为常数，表示论文 P_i 的评分，$\mathrm{PageRank}(P_i)$ 表示论文 P_i 的 PageRank 评分，$\mathrm{Authority}(P_i)$ 表示论文的权威评分，$\mathrm{Hub}(P_i)$ 表示论文的 Hub 评分，n 表示学术网络中论文节点的数量。王等（Wang et al.）[32]933 提出了一个类似的方法，在算法中考虑了期刊的影响力。基于这个工作，白等（Bai et al.）[30]1 考虑利益冲突关系去评价论文影响力。在这个研究中，主要通过弱化引用网络中的利益冲突关系来评价论文的影响力。此外，白等提出了一个基于高阶加权的量子 PageRank 算法，该方法能够反映多步引用行为，该方法的其中一个优势在于能够弱化引用操纵的效果。

1.3　学者影响力评估

学者影响力的评价总是与学者发表的论文相关。许多评价论文影响力的方法，同时也评价学者影响力如 Co-rank[53]739、Tri-Rank[54]493、FutureRank[37]533

以及S-index[57]。这些基于网络的方法通常一起排序多个学术实体。也有基于量化的方法用于评估学者影响力，如 h-index。关于学者影响力评估，本章从三个方面来介绍，包括影响学者影响力的因素、基于量化的学者影响力评估方法以及基于网络的学者影响力评估方法。

1.3.1　影响学者影响力的因素

学者影响力评估经历了从非结构化到结构的转变[29] 38657。评估学者影响力的因素实现了从统计因素到结构化因素的转变，从显式因素到隐式因素的转变。目前，影响学者影响力的因素被划分为六类，包括论文相关的因素、作者相关的因素、出版社相关的因素、社交相关的因素、文献相关的因素以及时间相关的因素。表 1.4 列举了一些评估学者影响力的相关因素。

表 1.4　基于网络的论文影响力评估方法示例

因素	因素分类	显式因素	隐式因素	文献
引用量	论文相关	是	否	文献［58］、文献［59］
出版物的数量	论文相关	是	否	文献［59］、文献［60］
论文的评分	论文相关	是	否	文献［61］
作者和论文之间共享的关键词	论文相关	是	否	文献［62］
PageRank	论文相关	否	是	文献［63］、文献［64］
论文权威向量	论文相关	否	是	文献［65］
作者的数量	作者相关	是	否	文献［59］
最大熵	作者相关	是	否	文献［60］
出版社评分	出版社相关	是	否	文献［61］
期刊影响因子	论文相关	是	否	文献［60］
作者之前引用的文献、论文文献被引的比率、作者先前出版物中的文献	文献相关	是	否	文献［62］、文献［66］
作者在某个期刊或会议上的出版次数	文献相关	是	否	文献［62］
时间	时间相关	是	否	文献［67］

在科学社群中，学者能够不断累积他们的学术影响力，但是，在一定程度上，学者固有的影响力将最终决定他们最终的研究成果。自从学者发表的论文能够代表学者的影响力后，与论文相关的因素就频繁地用于度量学者影响力。之所以这些因素被选择，主要是考虑论文的质量和数量。然而，这些因素也能导致偏见。学者的学术输出与他们的学术年龄相关，学术年龄越长的学者，越可能发表更多的论文。但是，仅从发表的论文数量来评价学者影响力，这是极其不公平的，尤其对新的研究者。研究者们已经做了许多尝试，目的是消除这种偏见。此外，在作者影响力评价中，一篇论文共同作者的贡献的分配也是存在偏见的。沈等（Shen et al.）[68] 提出了一个信誉分配算法，其目的是分配合作者的贡献。

在一定程度上，作者相关的因素和出版社相关的因素也能反映学者的影响力。董等（Dong et al.）[66] 149 通过研究发现，学者影响力和出版社的影响力在提升 h-index 上扮演非常重要的角色。德维尔等（Deville et al.）[69] 研究科学家的机构与科学成功之间的关系。他们通过实验观察到，科学家从影响力高的机构调转到影响力低的机构，他或她的研究数量和质量也会下降，这表明，学术环境对学术输出有一定的影响。学者们可以利用在线平台如谷歌学术、微软学术以及社交媒体等提高他们的学术影响力。马斯-布莱达等（Mas-Bleda et al.）[70] 研究发现，尽管在欧洲一些机构里的高被引学者都有自己的网页，但是他们很少利用这些网页。他们倾向于利用其他的社交媒体去提升自己的影响力，这也促进了 Altmetrics 评价指标的发展。

此外，文献相关的因素与时间相关的因素已经吸引学者们的关注。董等（Dong et al.）[66] 149 研究学者影响力，主要考虑两个与文献相关的因素：论文文献总的数量和论文的参考文献的平均引用量。张等（Zhang et al.）[67] 1301 提出了一个时间意识的排序算法，该算法依据时间函数分配更多的信誉给新发表的论文。基于以上提及的因素，许多学者影响力评估方法被开发。接下来，我们主要介绍基于量化的学者影响力评估方法和基于网络的学者影响力评估方法。

1.3.2　基于量化的学者影响力评估方法

在 2005 年，赫希（Hirsch）[20] 16569 提出了著名的 h-index 指标用于评价学者

的影响力，直至今日，h-index 仍被学术圈沿用。h-index 有其自身的优势，计算方便。一个学者的 h-index 指的是该学者至少有 h 篇论文被引用 h 次。除了计算方便外，h-index 的定义同时考虑学者发表论文的数量和质量。尽管 h-index 有诸多好处，但是一些专家学者认为 h-index 作为学者影响力评价指标也有其弊端，如不同学科之间 h-index 指数的不平衡问题、合作者影响力分配问题以及高被引影响力被忽略的问题。为了弥补高被引论文影响力被忽视，艾格等（Egghe et al.）[21] 131 提出了 g-index 用于评价学者影响力。该指标的核心思想为：如果一个作者发表的所有学术论文的引用量按降序排列，g-index 指的是排名最高的 g 篇论文，其引用量为 g^2。与 g-index 指标类似，为了弥补 h-index 的不足，金等（Jin et al.）[71] 提出了 R-index 指标和 AR-index 指标。R-index 指标被定义为

$$R\text{-index} = \sqrt{\sum_{i=1}^{h} \text{cit}_i} \tag{1.7}$$

其中，h 表示作者的 h 指数，cit_i 表示作者的被引论文超出了 h 次，被称作 h-core 论文。AR-index 指标主要考虑时间因素，其计算公式如下：

$$\text{AR-index} = \sqrt{\sum_{i=1}^{h} \frac{\text{cit}_i}{a_i}} \tag{1.8}$$

出于相同的目的，张等（Zhang et al.）[72] 将作者引用量分为三部分：h-squared 表示 h-index 自身的信息，Excess 表示论文的引用量多于 h 指数的信息，h-tail 表示引用量较少的论文的信息。这样，一个三角映射技术被设计，其目的是将这三部分信息映射到一个标准三角中，从而方便计算。Excess（e-index）部分对应论文的质量，h-tail（t-index）部分对应论文的数量，h-square（h-index）对应学者影响力的平均值。这个方法使用三个独立的部分量化学者的影响力。在这个研究中，作者被分为两类，一类是出版了几篇高质量的论文，但是这些作者的 h-index 较低或者 e-index 较高；另一类是出版了许多篇论文，但是这些作者有相对较高的 h-index，t-index 以及较低的 e-index。多罗戈夫采夫等（Dorogovtsev et al.）[73] 为了改进高被引论文的影响力，提出了 o-index。一个作者的 o-index 被定义为 $\sqrt{hm}$，h 表示作者的 h-index，m 表示作者高被引的引用量。

h-index 指数的另一个不足在于，对于一篇论文而言，所有作者的影响力都是相等的。但是，现实情况下，对于一篇多作者的论文而言，对于某个研究的共

享，每个学者的贡献是不同的。可见，h-index 存在一定的偏见。为此，研究者积极探索解决这一问题的方法。王等（Wang et al.）[74] 提出 A-index 指标用于量化合作者相对的贡献。基于 A-index 指标，斯林托斯等（Stallings et al.）[60] 9680 提出了一个合作指标 C-index 来评价学者影响力。C-index 指标被定义为

$$C\text{-index} = \sum_{k=1}^{K} A_k \qquad (1.9)$$

其中，A_k 表示作者的 A-index。基于 A-index 指标，P-index 被提出来用于量化学者的影响力，主要考虑学术论文的质量，该指标的计算方法如下：

$$P\text{-index} = \sum_{k=1}^{K} A_k \text{JIF}_k \qquad (1.10)$$

其中，JIF_k 表示第 k 篇论文出版期刊的影响因子。此外，一些研究者指出，不同引用类型的学者，可以有相同的 h-index。基于 g-index，法鲁克等（Farooq et al.）[15] 提出了 DS-index，该指标的好处在于对于引用类型相似的作者，给出一个明确的排序方法。DS-index 指标被定义为

$$\text{DS-index} = \sum_{k=1}^{g} \text{cit}_k \qquad (1.11)$$

其中，g 表示 g-core 论文的数量，cit_k 表示第 k 个 g-core 篇论文的引用量。与 k-core 论文相似，g-core 论文是被用于计算作者 g-index 的论文。

以上介绍的作者影响力评价指标都是在不断改进 h-index 指标的尝试中拓展出来的。使用 h-index 能够部分地反映作者出版行为以及作者的引用分布。为了合理地量化专家、学者影响力，西纳特拉等（Sinatra et al.）[76] 积极探索引用分布的规律。他们的研究表明，在整个学术生涯中，学者的最高影响力是随机分布的。基于随机分布的规律，他们提出了一个著名的随机模型 Q-value 模型。在这个模型中，参数 Q 用于预测学者的影响力。作者的 Q-value 被定义为

$$Q_i = e^{\langle \log c_{i\alpha} \rangle} - \mu_p \qquad (1.12)$$

其中，Q_i 表示作者 i 的 Q 值；$\langle \log c_{i\alpha} \rangle$ 表示作者 i 发表的所有论文引用量的对数平均值；α 表示作者 i 的第 α 篇论文；μ_p 表示作者成功的论文中幸运的平均影响力。

基于引用量的作者影响力评估方法在不同学科间是存在差异的。沃尔特曼等（Waltman et al.）[77] 通过研究发现，对于交叉学科的学者评价，部分量化的方法可能是更适合的。拉迪基等（Radicchi et al.）[78] 为了弥补跨学科评价的不足，

提出了 hf-index 指标。基于拉迪基等 （Radicchi et al.） 的工作，考尔等 （Kaur et al.）[79] 提出了一个跨学科评价的新指标，命名为 hf-index。该指标的核心思想是在相同学科背景下所有作者的平均 h-index 进行标准化，从而得到一个标准化的 h-index。利马等 （Lima et al.）[80] 提出跨不同领域评估学者的影响力，在所有学科中影响力的总和即为该学者的影响力。这个方法对于在多个学科中都有良好表现的学者来说，他们的影响力评分会更高。

1.3.3 基于网络的学者影响力评估方法

由于基于量化的学者影响力评估方法容易被操纵，一些研究者为了弥补基于量化评估方法的缺陷开始尝试使用基于网络的评估方法。在基于网络的学者影响力方法上，研究者们已经取得了一系列科研成果。在这个研究领域已经取得了突破性进展，不仅实现了从非结构化的学者影响力评估到基于结构化的学者影响力评估的转变，而且也实现了基于同构学术网络评估学术影响力到异构学术网络评估学术影响力的转变[81]。目前来讲，研究作者影响力，离不开学术网络的研究。学术网络是由不同的学术实体所构成的，包括论文、作者、期刊或会议、机构等。丁等 （Ding et al.）[82] 基于作者共引网络运用 PageRank 算法量化学者影响力。严等 （Yan et al.）[83] 提出了 P-Rank 方法，该方法不再使用单一的学术网络评价学者影响力，引用网络、作者-论文网络以及期刊-作者网络被用于量化学者的影响力。一个 HITS 类的算法首先被用来计算论文、作者以及期刊的评分，紧接着，在引用网络中，运用 PageRank 算法获得每个节点的最终评分。HITS 类的算法更适合异构的学术网络，PageRank 类的算法更适合同构的学术网络。阿姆贾德等 （Amjad et al.）[84] 提出了一个基于主题的排序方法，被称作 TH Rank，该方法利用隐狄利克雷分布 （Latent Dirichlet Allocation，LDA） 模型[85] 研究主题的分布。由于网络的复杂性以及 LDA 模型的计算代价使得 TH Rank 算法的效率不是很高。李等 （Li et al.）[86] 为了提升评估效率，提出了 QRank 方法。尼克尔等 （Nykl et al.）[87] 使用多个因素共同评价学者影响力，包括 h-index、出版量、引用量以及一篇论文署名的作者数量。

尽管研究者们在基于网络评估方法上已经取得了前所未有的进展，但是，现存的评估方法存在如下弊端：（1）现有的学者影响力评估方法大多基于一阶学术网络；（2）引用膨胀现象影响学者真实的影响力；（3）学术成功的基因仍处于未知状态。因此，基于高阶的学术网络分析、作者影响力膨胀以及学者成功的基因需要进一步探索。

1.4　期刊影响力评估

期刊的影响力源于期刊上发表的论文的影响力。《自然》和《科学》（*Science*）是世界上最著名的期刊。研究者更倾向于在影响力高的期刊上发表论文。期刊、作者和论文的影响力都是相互作用、相互影响的。有影响力的作者在有影响力的期刊上发表有影响力的论文，这是每个做研究的学者所努力的方向。由于期刊、学者和论文之间不可分割的关系，所以评估期刊的影响力也不能离开论文和学者。当前，有一些非常出名的出版组织如爱思唯尔、斯普林格、威立、威科以及皮尔逊。值得一提的是，世界上著名的期刊《柳叶刀》（*Lancet*）和《细胞》（*Cell*）由爱思唯尔出品，《自然》期刊由麦克米伦出品。自从 1975 年，期刊引用报告开始为全世界的研究者提供期刊影响因子，期刊影响因子目前仍然被作为一个重要的指标来量化期刊影响力。除了期刊影响因子，特征因子分值（Eigen-factor Score）、年度期刊引用报告，以及引用分数（CiteScore）也常常被用于评估期刊的影响力[4]311。接下来的章节将讨论影响期刊影响力的因素、期刊评估方法以及期刊影响力膨胀的解决方法。

1.4.1　影响期刊影响力的因素

一些典型的高影响的期刊一直持续高影响力，如《自然》和《科学》期刊。许多期刊评估方法都是基于论文引用量的。随着互联网的发展，越来越多的期刊实现了开放访问。实现开放访问的期刊要比不开放的期刊获得更多的影响力。

期刊影响力对学科具有强烈的依赖性，不同的学科有不同的权威期刊。期刊的分类也影响期刊的影响因子。众所周知，综述期刊的影响因子一般要高于研究性论文的期刊。

1.4.2　期刊引用报告

从 1975 年开始有期刊引用报告。目前，期刊引用报告提供查过一万个高质量期刊的年排名，其排名结果公布在 Web of Science 平台上。期刊影响力的评价指标主要包括期刊的总的引用量、期刊影响因子、去掉自引用的期刊影响因子、5 年的期刊影响因子以及特征向量评分等。该报告被公认为最权威的期刊评价报告。

提到期刊影响因子，一般是指 2 年的期刊影响因子，该指标是加菲尔德（Garfield）[47]108 于 1955 年提出来的。在 n 年的期刊影响因子被定义为

$$2 - \text{JIF}_n = \frac{P_{n-1} + P_{n-2}}{C_{n-1} + C_{n-2}} \tag{1.13}$$

其中，P_{n-1} 表示出版在第 $n-1$ 年的期刊上发表论文的数量，C_{n-1} 表示出版在第 $n-1$ 年的期刊上发表论文的引用量的数量。P_{n-2} 表示出版在第 $n-2$ 年的期刊上发表论文的数量，C_{n-2} 表示出版在第 $n-2$ 年的期刊上发表论文的引用量的数量。5 年期刊影响因子与 2 年期刊影响因子的计算方法类似。由于期刊影响因子中不包含期刊自引的引用量，所以更能客观地评估期刊的影响力。

为了弥补期刊影响因子的弊端，研究者研发了其他评价指标如特征向量评分和论文影响力评分。特征向量评分主要通过在不包含自引用的期刊引用网络上计算 PageRank 评分[88]。

1.4.3　期刊引用报告的分析和进展

尽管期刊引用报告被广泛使用，但由于使用单一的评价指标容易导致评估上的偏见。为此，研究者尝试了一些其他的方法用于评估期刊影响力如期刊的 h-index、SCImago Journal Rank（SJR）[89]，Source Normalized Impact per Paper（SNIP）[90]。除了用单一的评价指标外，使用多个评价指标共同评价期刊影响力也是非常好的选择，如计算这些评价指标的平均分或是使用神经网络来评价[91-92]。塞连科等（Serenko et al.）[93] 研究发现，研究者更倾向于在熟悉的期刊发表论文，这个研究暗示在期刊影响力评价中个人观点可能是有帮助的。蔡等（Tsai et al.）[94] 研究主观评价和客观评价之间的关系，并且使用 Borda 的量化方法给出最终的期刊影响力评分。比茨等（Beets et al.）[95] 也提出了一个排序期刊的方法。

由于期刊影响力评估方法不断增多，这些期刊影响力评估方法之间的关系也引起了关注[96-101]。塞蒂（Setti）[95] 研究表明，使用单一的评价指标评估期刊影响力是不可能的[99]232。不同的期刊影响力指标来源于不同的评价想法，如通过期刊高被引论文所占的比例来排序期刊。此外，不同学科的期刊影响力评价也需要进一步去探索[102-103]。查特吉等（Chatterjee et al.）[104] 的研究表明，对于期刊和机构而言，高被引论文获得更多的引用量。高等（Kao et al.）[105] 在研究期刊引用分布的基础上提出了一个随机优势分析方法，该方法能够用于评价期刊影响力。

1.4.4　基于网络的期刊影响力评估方法

　　在网络中，PageRank 算法和 HITS 算法常用于评估节点的重要度。在之前的节中我们有强调 HITS 算法常用于异构的学术网络评估学术实体的影响力。基于 PageRank 算法而设计的期刊影响力评估方法如下：

$$r(J_i) = (1 - \lambda)x_i + \lambda \sum_j \left[r(J_j) \times \frac{w(J_j J_i)}{\mathrm{sum}_k w(J_j J_i)} \right] \qquad (1.14)$$

　　其中，$r(J_i)$ 表示期刊 i 的重要度评分；λ 为常数；x_i 表示自适应阻尼系数满足 $\sum_{i=1}^{N} x_i = 1$，通常情况下，x_i 的值被设置为 $\frac{1}{N}$；$w(J_j J_i)$ 为期刊 j 与期刊 i 之间的权重[106]。

　　基于 PageRank 算法，林等（Lim et al.）[107] 利用期刊之间引用的相关性和引用的重要度设计了一个加权的期刊影响力评估方法。张等（Zhang et al.）[108] 利用作者的 h-index 以及引用论文和被引论文之间的相关性设计了一个加权 PageRank 算法，该方法被命名为 HR-PageRank。博林等（Bohlin et al.）[109] 通过研究零阶、一阶和二阶马尔可夫模型在期刊排名中的应用，他们发现，高阶马尔可夫模型排序效果更好，更具有鲁棒性。

　　有几个期刊影响力评估方法均基于期刊引用网络，结合期刊在引用网络中的位置来评价期刊影响力。张等（Zhang et al.）[24]643 提出一个评价期刊的指标，命名为 Quality-Structure Index（QSI）。该指标主要考虑期刊固有的权威和期刊的结构位置。期刊固有的权威可以通过以下指标获得，如期刊影响因子、特征向量评分和 PageRank 评分等。莱德斯多夫等（Leydesdorff et al.）[25]1303 利用期刊引用网络中的期刊的介数来量化期刊影响力。苏等（Su et al.）[26] 2399 提出了一个基于链接融合的方法，将几种评估方法融合在一起共同评价期刊影响力。

基于以上分析，现有期刊影响力评价仍然存在如下问题：（1）现有期刊影响力评价大多基于一阶学术网络；（2）引用膨胀影响期刊真实的影响力。因此，为了合理地评价期刊影响力，研究者需要进一步探索高阶学术网络分析以及期刊影响力膨胀问题。

1.5　挑战性的问题

本节介绍期刊影响力评价研究中几个开放且具有挑战性的问题。具体挑战性问题包括合作影响力的模式、统一的评价标准、隐式成功因素挖掘、动态学术网络嵌入以及学术影响力膨胀。

1.5.1　合作影响力的模式

鉴于学术影响力评估对国家科研基金分配有一定的指导作用，学术圈中已经有众多研究者开展论文、学者以及期刊的影响力评估。然而，很少有学者关注合作者影响力是如何演进的。现有的研究利用引用量度量合作者的影响力，但是，问题是引用量容易被操纵。因此，采用结构化的方法评估合作者的影响力是学术社群中迫切需要解决的问题。随着大规模可利用的学术数据集的公开，探索在学术生涯中合作者影响力的合作模式以及科学家成功中潜在的关系已经成为可能。既然需要一个结构化的方法量化合作者的影响力，那么如何构建一个学术网络去量化合作者影响力就成为必须解决的问题。此外，如何构建量化合作者影响力模型以及如何建模仍是非常具有挑战性的问题。一个可能的解决方法是首先构建一个异构的学术网络，然后探索评估合作者影响力的方法以及合作者影响力的合作模式。

1.5.2　统一的评价标准

在科学的社群，已经研发了许多自动评估学术影响力的方法，其目的是在出版物的浩瀚的海洋中觅得高影响力的论文。但是，这些方法仅仅是给出哪篇论文是有用的，被推荐的论文与实际需要的论文可能在内容上是不相关的。因此，对于研究者而言，他们强烈需要找到与他们研究内容相关的论文。尽管有许多自动的评估方法，但是，我们还没有一个统一的评价标准去评价哪个评估方法更好。为了解决这个问题，科学社群首先需要统一学术数据集。

1.5.3　隐式成功因素挖掘

关于学术影响力评估研究，现有的研究中更多地关注显式的成功因素。在学者影响力评价中，研究者发现了一些显式的成功基因如学术年龄、机构、研究领域以及国家等[110]。然而，很好地关注科学成功随时间演变的机制。揭开学者成功的因素是非常具有挑战性的任务。学者成功的因素更多地可能依赖于外部因素，如师生关系、学习习惯以及教育背景，等等。这些因素与学者成功的具体关系需要进一步探索。

1.5.4　动态学术网络嵌入

许多静态网络嵌入方法已经被提出，然而，学术网络随时间不断演进。例如，随着时间的推移，在引用网络中引用论文和被引用论文之间总是动态变化的。新的引用量不断出现在引用网络中，引起网络的变化，这种变化是动态的、时变的。为了学习在动态学术网络中节点的表示，现有的学术网络嵌入方法需要不断地重复运行而且耗费大量时间。因此，关于动态学术网络嵌入算法的研究仍是一个具有挑战性的任务，需要研究者花更多的时间和精力去探索。为了获得有效的表示，可能需要深度特征学习和关联模型。

1.5.5　学术影响力膨胀

随着学术大数据迅速飞涨，学术膨胀是学术社群中不可避免的现象。由于学术膨胀会影响真实的学术影响力，所以在不同时期，学术膨胀也会影响论文、期刊、机构以及国家影响力的评价[111]。学者可能受到晋职和奖励等利益的影响，人为地操纵引用量，如利用自引、互引以及其他关系的引用来提高自己的影响力。许多工作集中在解开引用膨胀的动态[112-114]。在引用膨胀的背景下，如何构建学术影响力评价的网络以及如何建模都是非常具有挑战性的问题。为了弱化引用膨胀，在高阶学术网络中去建模可能是一个好的解决方法。

1.6 小结

本章主要介绍学术影响力评估的方法。在量化学术影响力研究中，有两个大的转变。一个是从非结构方法向结构化方法过渡；另一个从单一学科的学术影响力评价到跨学科的学术影响力评价的转变。尽管有大量的研究展示量化学术影响力评估的方法，但是学术影响力评估研究中还存在许多具有挑战性的问题，如合作影响力的模式、统一的评价标准、隐式成功因素挖掘、动态学术网络嵌入以及学术影响力膨胀。

注：本章研究成果发表在 2020 年 *IEEE ACCESS* 期刊上，题目为 *Quantifying Success in Science：An Overview*。

参考文献

[1]XIA F，WANG W，BEKELE T M，et al. Big Scholarly Data：A Survey[J]. IEEE Transactions on Big Data，2017，3(1)：18-35.

[2]LIU J，KONG X，XIA F，et al. Artificial Intelligence in the 21st Century[J]. IEEE Access，2018，6：34403-34421.

[3]WANG W，LIU J，XIA F，et al. Proceedings of the 26th International Conference on World Wide Web Companion，April 3-7，2017[C]. ACM，2017.

[4]WANG W，LIU J，YANG Z，et al. Sustainable Collaborator Recommendation Based on Conference Closure[J]. IEEE Transactions on Computational Social Systems，2019，6(2)：311-322.

[5]CONNELLY T M，MALIK Z，SEHGAL R，et al. The 100 most influential manuscripts in robotic surgery：a bibliometric analysis[J]. J Robot Surg，2020，75：74-79.

[6]XIA F，LIU H，et al. Scientific Article Recommendation：Exploiting Common Author Relations and Historical Preferences[J]. IEEE Transactions on Big Data，2016，2(2)：101-112.

[7]XIA F，CHEN Z，WANG W，et al. MVCWalker：Random Walk-Based Most Valuable Collaborators Recommendation Exploiting Academic Factors[J]. IEEE Transactions on Emerging Topics in Computing，2014，2(3)：364-375.

[8]BAI X，LEE I，NING Z，et al. The Role of Positive and Negative Citations in Scientific Evaluation[J]. IEEE Access，2017，5：17607-17617.

［9］BAI X,LIU H,ZHANG F,et al. An overview on evaluating and predicting scholarly article impact［J］. Information,2017,8(73):1-14.

［10］AMJAD T,REHMAT Y,DAUD A,et al. Scientific impact of an author and role of self-citations［J］. Scientometrics,2020,122(2):915-932.

［11］BAI X,ZHANG F,NI J,et al. Measure the Impact of Institution and Paper Via Institution-Citation Network［J］. IEEE Access,2020,8:17548-17555.

［12］EBRAHIM N A,SALEHI H,EMBI M A,et al. Visibility and Citation Impact［J］. Social Science Electronic Publishing,2014,7(4):120-125.

［13］LIU J,TANG T,WANG W,et al. A Survey of Scholarly Data Visualization［J］. IEEE Access,2018,6:19205-19221.

［14］PIETRO,DELLA,BRIOTTA,et al. Attention decay in science-ScienceDirect［J］. Journal of Informetrics,2015,9(4):734-745.

［15］BRAUN T,GLÄNZEL W,SCHUBERT A. A Hirsch-type index for journals［J］. Scientometrics,2006,69(1):169-173.

［16］GARFIELD E. Citation Analysis as a Tool in Journal Evaluation［J］. Science,1972,178(4060):471-9.

［17］CHEN Y,JIN Q,FANG H,et al. Analytic network process:Academic insights and perspectives analysis［J］. Journal of Cleaner Production,2019,235:1276-1294.

［18］PAGE L,BRIN S,MOTWANI R,et al. The PageRank Citation Ranking:Bringing Order to the Web［J］. Stanford Digital Libraries Working Paper,1998,9(1):1-14.

［19］KLEINBERG J M. Authoritative Sources in a Hyperlinked Environment［J］. Journal of the ACM,1999,46(5):604-632.

［20］HIRSCH J E. An index to quantify an individual's scientific research output［J］. Proceedings of the National Academy of ences of the United States of America,2005,102(46):16569-16572.

［21］EGGHE L. Theory and practise of the g-index［J］. Scientometrics,2006,69(1):131-152.

［22］ALONSO S,CABRERIZO F J,HERRERA-VIEDMA E,et al. Hg-index:a new index to characterize the scientific output of researchers based on the h- and g-indices［J］. Scientometrics,2010,82(2):391-400.

［23］CHEN Y L,CHEN X H. An evolutionary Page Rank approach for journal ranking with expert judgements［J］. Journal of Information Science,2011,37(3):254-272.

［24］ZHANG C,LIU X,XU Y C,et al. Quality-structure index:A new metric to measure scientific journal influence［J］. Journal of the Association for Information Science & Technology,2011,62(4):643-653.

[25]LEYDESDORFF L. Betweenness centrality as an indicator of the interdisciplinarity of scientific journals[J]. Journal of the Association for Information Science and Technology,2007,58(9):1303-1319.

[26]SU P,SHEN Q. Link-based methods for bibliometric journal ranking[J]. Soft Computing, 2013,17(12):2399-2410.

[27]BAI X,ZHANG F,HOU J,et al. Quantifying the Impact of Scholarly Papers Based on Higher-Order Weighted Citations[J]. PLoS ONE,2018,13(3):e0193192.

[28]WILDGAARD L,SCHNEIDER J W,Larsen B. A review of the characteristics of 108 author-level bibliometric indicators[J]. Scientometrics,2014,101(1):125-158.

[29]ZHANG F,BAI X,LEE I. Author Impact:Evaluations,Predictions,and Challenges[J]. IEEE Access,2019,7:38657-38669.

[30]BAI X, XIA F, LEE I, et al. Identifying anomalous citations for objective evaluation of scholarly article impact[J]. PLoS ONE,2016,11(9):e0162364.

[31]SHERMAN M S. Measures for Measures[J]. Nature,2006,444(7122):1003-1004.

[32]WANG Y,TONG Y,ZENG M. Proceedings of the 27th AAAI Conference on Artificial Intelligence,July 14-18,2013[C],The Netherlands:AAAI Press,2013.

[33]WANG D,SONG C,BARABÁSI A L. Quantifying long-term scientific impact [J]. Science, 2013,342 (6154):127-132.

[34]CHEN P,XIE H,MASLOV S,et al. Finding Scientific Gems with Google[J]. Journal of Informetrics,2007,1(1):8-15.

[35]ZHANG Y,WANG M,GOTTWALT F,et al. Ranking Scientific Articles based on Bibliometric Networks with a Weighting Scheme[J]. Journal of Informetrics,2019,13(2):616-634.

[36]PIWOWAR H. Altmetrics:Value all research products[J]. Nature,2013,493(7431):159.

[37]SAYYADI H,GETOOR L. Proceedings of the 2009 SIAM International Conference on Data Mining,Apr. 30-May 2,2009[C],SIAM,2019.

[38]WANG M,REN J,LI S,et al. Quantifying a Paper's Academic Impact by Distinguishing the Unequal Intensities and Contributions of Citations[J]. IEEE Access,2019,7:96198-96214.

[39]CHAN H F,GUILLOT M,PAGE L,et al. The inner quality of an article:Will time tell? [J]. Scientometrics,2015,104(1):19-41.

[40] IDEGAH F D,THELWALL M. Which factors help authors produce the highest impact research? Collaboration,journal and document properties[J]. Journal of Informetrics,2013,7(4):861-873.

[41]SEGLEN P O. Why the Impact Factor of Journals Should Not Be Used for Evaluating Research[J]. BMJ Clinical Research,1997,314(7079):498-502.

[42]COSTAS R,ZAHEDI Z, WOUTERS P. Do "altmetrics" correlate with citations? Extensive

comparison of altmetric indicators with citations from a multidisciplinary perspective[J]. Journal of the Association for Information Science and Technology,2015,66(10):2003-2019.

[43]PRICE D. Networks of Scientific Papers[J]. Science,1965,149(3683):510-515.

[44]WAN X,FANG L. Are all literature citations equally important? Automatic citation strength estimation and its applications[J]. Journal of the Association for Information Science & Technology, 2014,65(9):1929-1938.

[45]ZHU X D,TURNEY P,LEMIRE D,et al. Measuring Academic Influence:Not All Citations Are Equal[J]. Journal of the American Society for Information Science & Technology,2015,66(2): 408-427.

[46]ANFOSSI A,CIOLFI A,COSTA F,et al. Large-scale assessment of research outputs through a weighted combination of bibliometric indicators[J]. Scientometrics,2016,107(2):671-683.

[47]GARFIELD E. Citation Indexes for Science:A New Dimension in Documentation through Association of Ideas[J]. Science,1955,122(3159):108-111.

[48]ANCAIANI A,ANFOSSI A F,BARBARA A,et al. Evaluating scientific research in Italy:The 2004-10 research evaluation exercise[J]. Research Evaluation,2015,24(3):242.

[49]XIA F,SU X,WANG W,et al. Bibliographic Analysis of Nature Based on Twitter and Facebook Altmetrics Data[J]. Plos One,2016,11(12):e0165997.

[50]WALKER D,XIE H,YAN K K,et al. Ranking Scientific Publications Using a Simple Model of Network Traffic[J]. Journal of Statistical Mechanics Theory & Experiment,2006,6(6):P06010.

[51]YAO L,WEI T,ZENG A,et al. Ranking scientific publications:The effect of nonlinearity[J]. Scitific Report,2015,4(1):1-6.

[52]WANG S,XIE S,ZHANG X,et al. Coranking the Future Influence of Multiobjects in Bibliographic Network Through Mutual Reinforcement[J]. ACM Transactions on Intelligent Systems and Technology,2016,7(4):1-28.

[53]ZHOU D,ORSHANSKIY S A,ZHA H,et al. The 2007 International Conference on Data Mining,June 25-28,2007[C]. ICDM,2007.

[54]LIU Z,HUANG H,WEI X,et al. IEEE International Conference on Tools with Artificial Intelligence,November. 10-12,2014[C]. IEEE,2014.

[55]LONDON A,NÉMETH T,PLUHÁR A,et al. A local PageRank algorithm for evaluating the importance of scientific articles[J]. Annales Mathematicae et Informaticae,2015,44:131-141.

[56]JIANG X,GAO C,LIANG R. Proceeding of IEEE 12th International Conference on Semantics,Knowledge and Grids (SKG),August 15-17,2016[C]. IEEE,2016.

[57]SHAH N,SONG Y. S-index:Towards better metrics for quantifying research impact[EB/OL]. [2015-06-13]. http://arxiv. org/abs/1507. 03650.

[58]BOUYSSOU D,MARCHANT T. Ranking authors using fractional counting of citations:An axiomatic approach[J]. Journal of Informetrics,2016,10(1):183-199.

[59]MARCHANT T. Score-based bibliometric rankings of authors[J]. Journal of the Association for Information Science and Technology,2009,60(6):1132-1137.

[60]STALLINGS J,VANCE E,YANG J,et al. Determining scientific impact using a collaboration index[J]. Proceedings of the National Academy of Sciences of the United States of America,2013,110(24):9680-9685.

[61]USMANI,AMMAD,DAUD,et al. Unified Author Ranking based on Integrated Publication and Venue Rank[J]. The international arab journal of information technology,2017,14(1):111-117.

[62]ZHANG C,YU L,ZHANG X,et al. Proceedings of the 27th International Joint Conference on Artificial Intelligence,July 13-19,2018[C]. IJCAI,2018.

[63]SENANAYAKE U,PIRAVEENAN M,ZOMAYA A. The PageRank-Index:Going beyond Citation Counts in Quantifying Scientific Impact of Researchers[J]. PLoS ONE,2015,10(8):e0134794.

[64]DUNAISKI M,GELDENHUYS J,VISSER W,et al. Author ranking evaluation at scale [J]. Journal of Informetrics,2018,12(3):679-702.

[65]YE Z,GAO C,JIANG X,et al. Proceeding of IEEE 11th International Conference on Semantics,Knowledge and Grids (SKG),August 19-21,2015[C]. IEEE,2015.

[66]DONG Y,JOHNSON R A,CHAWLA N V. Proceedings of Seven ACM International Conference on Web Search and Data Mining (WSDM),February 24-28,2014[C]. ACM,2014.

[67]ZHANG N,XIA F,et al. Exploring time factors in measuring the scientific impact of scholars[J]. Scientometrics,2017,112(3):1301-1321.

[68]SHEN H,BARABASI A L. Collective credit allocation in science[J]. Proceedings of the National Academy of Sciences of the United States of America,2014,111(33):12325-12330.

[69]DEVILLE P,WANG D,SINATRA Ret al. Career on the Move:Geography,Stratification,and Scientific Impact[J]. Scientific Reports,2014,4(1):4770.

[70]MAS-BLEDA ,THELWALL,KOUSHA,et al. Do highly cited researchers successfully use the Social Web? [J]. Scientometrics,2014,101(1):337-356.

[71]JIN B H,LIANG L M,ROUSSEAU R,et al. The R- and AR-indices:Complementing the h-index[J]. Chinese Science Bulletin,2007,52(6):855-863.

[72]ZHANG C T. A novel triangle mapping technique to study the h-index based citation distri-

bution[J]. Scientific Reports,2013,3(1):1023.

[73] DOROGOVTSEV S N, MENDES J. Ranking scientists [J]. Nature Physics, 2015, 11 (11):882-883.

[74]WANG G,YANG J. Axiomatic quantification of co-authors' relative contributions[EB]. [2010-03-17]. http://arxiv. org/abs/1003. 3362

[75]FAROOQ M,KHAN H U,IQBAL S,et al. DS-index:Ranking authors distinctively in an Academic network[J]. IEEE Access,2017,5:19588-19596.

[76]SINATRA R,WANG D S,PIERRE D,et al. Quantifying the evolution of individual scientific impact[J]. Science,2016,354(6312):aaf5239.

[77]WALTMAN L,ECK N V. Field-normalized citation impact indicators and the choice of an appropriate counting method[J]. Journal of Informetrics,2015,9(4):872-894.

[78]RADICCHI F,FORTUNATO S,CASTELLANO C. Universality of citation distributions:Toward an objective measure of scientific impact[J]. Proc Natl Acad Sci U S A,2008,105(45):17268-17272.

[79]KAUR J,RADICCHI F,MENCZER F. Universality of scholarly impact metrics[J]. Journal of Informetrics,2013,7(4):924-932.

[80]LIMA H,SILVA T H P,Moro M M,et al. Proceedings of 2013 ACM/IEEE Joint Conference on Digital Libraries,July 22-26,2013 [C]. ACM,2013.

[81]ZHOU Y B,LÜ L,LI M. Quantifying the influence of scientists and their publications:distinguishing between prestige and popularity[J]. New Journal of Physics,2012,14(3):33033-33049.

[82]DING Y,YAN E,FRAZHO A,et al. PageRank for ranking authors in co-citation networks[J]. Journal of the American Society for Information Science & Technology,2014,60(11):2229-2243.

[83]YAN E,DING Y,SUGIMOTO C R. P-Rank:An indicator measuringprestige in heterogeneous scholarly networks[J]. Journal of the American Society for Information Science & Technology, 2011,62(3):467-477.

[84]AMJAD T,DING Y,DAUD A,et al. Topic-based heterogeneous rank[J]. Scientometrics An International Journal for All Quantitative Aspects of the Science of Science Policy[J]. Scientometrics, 2015,104(1):313-334.

[85]BLEI D M,NG A Y,JORDAN M I. Latent Dirichlet Allocation[J]. The Annals of Applied Statistics,2003,3:993-1022.

[86]LI L,WANG X,ZHANG Q,et al. A Quick and Effective Method for Ranking Authors in Academic Social Network[M]. Springer Berlin Heidelberg,2014.

[87]NYKL M,CAMPR M,JEZEK K. Author ranking based on personalized PageRank[J]. Jour-

nal of Informetrics,2015,9(4):777-799.

[88]BERGSTROM C. Eigenfactor:Measuring the value and prestige of scholarly journals[J]. College & Research Libraries News,2007,68(5):314-316.

[89]GONZALEZ-PEREIRA B,GUERRERO-BOTE R P,Moya-Anegon R. A new approach to the metric of journals' scientific prestige:The SJR indicator[J]. J Informetr,2010,4(3):379-391.

[90]MOED H F. Measuring contextual citation impact of scientific journals[J]. Journal of Informetrics,2010,4(3):265-277.

[91]CHANG C L,MCALEER M. Ranking journal quality by harmonic mean of ranks:an application to ISI statistics & probability[J]. Statistica Neerlandica,2013,67(1):27-53.

[92]PAPAVLASOPOULOS S,POULOS M,KORFIATIS N,et al. A non-linear index to evaluate a journal's scientific impact[J]. Information Sciences,2010,180(11):2156-2175.

[93]SERENKO A,BONTIS N. What's familiar is excellent:The impact of exposure effect on perceived journal quality[J]. Journal of Informetrics,2011,5(1):219-223.

[94]TSAI C-F,HU Y H,GEORGE K S W,et al. A Borda count approach to combine subjective and objective based MIS journal rankings[J]. Online Information Review,2014. 38(4):469-483.

[95]BEETS S D,KELTON A S,LEWIS B R. An assessment of accounting journal quality based on departmental lists[J]. Scientometrics,2015,102(1):315-332.

[96]ZARIFMAHMOUDI L,JAMALI J,SADEGHI R. Google Scholar journal metrics:Comparison with impact factor and SCImago journal rank indicator for nuclear medicine journals[J]. Iranian Journal of Nuclear Medicine,2015,23(1):8-14.

[97] TSAI C F. Citation impact analysis of top ranked computer science journals and their rankings[J]. Journal of Informetrics,2014,8(2):318-328.

[98]BORNMANN L,MARX W,SCHIER H. Hirsch-type index values for organic chemistry journals:A comparison of new metrics with the journal impact factor[J]. European Journal of Organic Chemistry,2009,2009(10):1471-1476.

[99]SETTI G. Bibliometric Indicators:Why Do We Need More Than One? [J]. IEEE Access,2013,1:232-246.

[100]ELKINS M R,MAHER C G,HERBERT R D,et al. Correlation between the Journal Impact Factor and three other journal citation indices[J]. Scientometrics,2010,85(1):81-93.

[101]JACSÓ P. Differences in the rank position of journals by Eigenfactor metrics and the five-year impact factor in the Journal Citation Reports and the Eigenfactor Project web site[J]. Online Infor-

mation Review,2010,34(3):496-508.

[102]GONZALEZ-BETANCOR S M,DORTA-GONZALEZ P. An indicator of journal impact that is based on calculating a journal's percentage of highly cited publications[EB]. [2015 - 10 - 13]. https://arxiv. org/abs/1510. 03648v1.

[103]TEMPLETON G F,LEWIS B R. Fairness in Institutional Valuations of Business Journals[J]. Mis Quarterly,2015,39(3):523-540.

[104]CHATTERJEE A,GHOSH A,CHAKRABARTI B K. Universality of citation distributions for academic institutions and journals[J]. PLoS ONE,2016,11(1):e0146762.

[105]KAO E H,HSU C H,LU Y,et al. Ranking of finance journals:a stochastic dominance analysis[J]. Managerial Finance,2016,42(4):312-323.

[106]BOLLEN J, VAN DE SOMPEL H, RODRIQUEZ M. Journal status [J]. Scientometrics, 2006,69 (3):669-687.

[107]LIM A,MA H,WEN Q,et al. Distinguishing citation quality for journal impact assessment[J]. Communications of the ACM,2009,52 (8):111-116.

[108]ZHANG F. Evaluating journal impact based on weighted citations[J]. Scientometrics,2017, 113(2):1-15.

[109]BOHLIN L,ESQUIVEL A V,Lancichinetti A,et al. Robustness of journal rankings by network flows with different amounts of memory[J]Association for Information Science and Technology, 2016,67(10):2527-2535.

[110]CAI L,TIAN J,LIU J,et al. Scholarly impact assessment:A survey of citation weighting solutions[J]Scientometrics,2019,118(2):453-478.

[111]PAN R K,PETERSEN A M,FABIO P,et al. The Memory of Science:Inflation,Myopia,and the Knowledge Network[J]. Journal of Informetrics,2018,12(3):656-678.

[112]HIGHAM K W,GOVERNALE M,JAFFE A B,et al. Unraveling the dynamics of growth,aging and inflation for citations to scientific articles from specific research fields[J]. Journal of Informetrics,2018,11(4):1190-1200.

[113]PETERSEN A M,PAN R,PAMMOLLI F,et al. Methods to Account for Citation Inflation in Research Evaluation[J]. Social Science Electronic Publishing,2019,48(7):11855-1865.

[114]TARKHAN-MOURAVI S. Traditional indicators inflate some countries' scientific impact over 10 times[J]. Scientometrics,2020,123(1):337-356.

第 2 章　基于异构网络的机构
与论文影响力评估

本章阐述基于异构网络的机构与论文影响力评估方法的设计过程和评估性能。首先分析学术大数据的异构性为机构和论文影响力评估带来的科学挑战，归纳机构和论文影响力评估方法中存在的关键问题，进而详细阐述机构和论文影响力评估方法的设计过程与评估性能，构建机构–引用网络，基于结构化的评估方法，评估机构和论文的影响力。最后在美国物理学会（APS）数据集上验证评估方法的有效性。

2.1　引言

目前，学术影响力可以从不同层面进行评估，如国家层面、机构层面、学者层面以及论文层面[1-3]。已有的研究中，大多研究者集中在科学影响力评估、学术网络分析和科学的成功[4-8]。除此之外，研究者也开始探索在科学的科学中科学影响力的演进[9-10]。为了评估学术影响力，引用网络经常被使用[11-12]。最近，异构的学术网络已经吸引了研究者广泛的关注[13-14]。在异构的学术网络中量化科学影响力是与结构化度量、引用分析和行为复杂性紧密相关的。随着时间的推移，机构和论文演进的网络是评价机构和论文影响力的基础，同时也是异构学术网络的一个分支。学术影响力评价在科学发现、量化学者成绩、大学排名以及基金分配方面具有重要的指导意义。

图 2.1 为显示一个异构学术网络的关系的例子。$I_1 \sim I_{10}$ 表示研究机构，$P_1 \sim P_9$ 表示论文。论文 P_1 引用两篇论文，论文 P_2 和论文 P_3。两篇论文之间链接的方向指向论文的参考文献。论文 P_1 的所属机构包括机构 I_1 和机构 I_2。机构和论文之

间双向的链接表示论文和机构的关系，机构出版的论文和论文所属的机构。在量化论文影响力方面，研究者已经做出了非常多的努力[15-18]。已有的研究，主要集中非结构化的评估和结构化的评估[19]。非结构化的评估主要凭借论文的引用量进行评估或者 Altmetrics，包括下载量、关注量、分享量以及引用量等[20]。引用量通常与论文发表的时长有关，发表时间越长的论文，其引用量越多，相反，发表时间越短的论文，引用量越少。Altmetrics 作为论文影响力的一种可替换的方法，该方法更适用于论文发表的早期阶段。通常情况下，由于一篇论文的出版需要一段时间，所以这篇论文引用的文献也要经过一段时间才能为读者所知。这样，被引用的论文的影响力不能尽早的发现，但是，借助于 Altmetrics，可以较早地发现有影响力的论文。

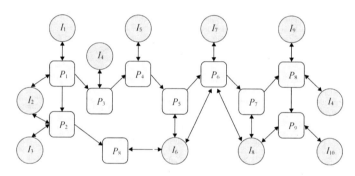

图 2.1　一个异构的机构–引用网络

然而，非结构化的评估方法和 Altmetrics 方法，都存在其弊端。由于引用量、下载量和关注量等容易被操纵，能够通过人为的手段，增加引用量。因此，要想使用引用量和 Altmetrics 方法评估论文影响力，识别不适当的引用量是一项非常必要的工作，而识别不适当的引用量是非常不容易的。相比非结构化的方法，结构化的方法更适合量化论文的影响力。最具代表性的结构化的评估方法就是 PageRank 算法和 HITS 算法[21-24]。PageRank 算法主要适用于同构的学术网络，如引用网络和合作者网络[25]。HITS 算法适用于异构的学术网络如论文–作者网络以及论文–期刊网络等[12] 933。

量化机构影响力已经成为研究者研究的焦点工作[26-30]。目前，量化机构影响力的研究工作大多集中在非结构化的评估方法和同构网络的评估方法。几个有代表性的非机构化方法如下：世界大学学术排名（Academic Ranking of World University，ARWU）、QS 世界大学排名（QS World University Ranking，QS）、泰晤士高等教育世界大学排名（Times Higher Education World University Ranking，THE）和新加坡南洋理工大学科研论文质量排名（Performance Ranking of Scientific Papers for World Universities，NTU）[31]。然而，非机构化的度量方法更多依赖文献计量指标的数量。为了研发一个结构化的机构影响力度量方法，Massucci 和 Docampo 利用 PageRank 算法和引用网络量化机构影响力[11] 185。然而，已有研究虽然取得了前所未有的进展，但是在异构的学术网络中，机构影响力和论文影响力之间的关系仍保留未知。其可能的原因在于：机构影响力的评价正处于非结构化到结构化的转变；相比在同构的网络中评价机构影响力，在异构的学术网络中评价影响力是更复杂的工作。

因此，我们提出了一个量化的模型，IPRank，其目的是改进在异构的学术网络中评估机构影响力和论文影响力。随着学术论文的数量不断暴涨以及论文、机构和引用量的数据集能够共享，使得在异构的学术网络中评估机构和论文的影响力成为可能。在本章，我们首先构建了一个异构的机构-引用网络，其目的是同时量化机构和论文的影响力。其次，基于机构-引用网络和 PageRank 算法，我们开发了一个机构化的度量方法。

本章主要研究某一领域的学术论文和机构影响力评价，即在同一领域内考察学术论文和机构的水平。由于不同领域存在不同的引用行为，所以不同学科的学术论文影响力和机构影响力需要在本学科内进行量化。

本章主要贡献包括以下几点：

（1）构建异构的学术网络，机构-引用网络。

（2）提出了一个异构的学术论文和机构影响力的评估方法，即 IPRank 算法。

（3）基于 APS 数据集，验证了 IPRank 算法的有效性。

2.2　相关工作

已有的研究中，量化学术论文的影响力，已经引起了学者广泛的关注。早期的关于学术论文的影响力评价主要集中在引用量上。Garfield 提出利用引用量作为学术论文影响力的评价指标[32]，同时他也提出利用期刊影响力因子评价期刊的影响力[33]。基于引用量的评估方法有其自身的局限性，如不同学科的影响因子不能统一。此外，引用量作为评价论文影响力的指标也是存在争议的，特别是存在不适当的引用量[34]。

为了解决以上问题，研究者们开始着手使用结构化的评估方法量化论文的影响力[35-37]。这些研究主要基于同构的学术网络和异构的学术网络。同构学术网络包括论文的引用网络、机构的引用网络以及合作者网络；异构学术网络包括论文-作者网络、论文-出版社网络以及作者-出版社网络。陈等（Chen et al.）[21]8 基于引用网络，利用谷歌 PageRank 算法发现科学的基因。其背后隐藏的原因是，重要的论文吸引更多的引用量。基于陈等的工作，姜等（Jiang et al.）[38] 基于三个同构的网络和三个异构的网络，提出一个相互增强机制，该方法主要利用 PageRank 算法和 HITS 算法来实现。王等（Wang et al.）[12]933 通过探索引用量、作者、期刊和时间因素对学术论文影响力的影响，提出了一个评估论文影响力的方法，该方法基于同构的学术网络和异构的学术网络。相比姜等的工作，王等引入时间因素评价学术论文的影响力，该方法更加倾向于近期发表的论文，即最近发表的论文会获得更高的影响力评分[12]。在王等和约阿尼迪斯等（Ioannidis et al.）[39] 的工作基础上，白等（Bai et al.）[2] 提出了 COIRank 方法来度量学术论文的影响力，该方法最主要的贡献是通过识别不适当的引用量来调整引用权重。基于异构的学术网络，叶等（Ye et al.）[14] 提出了一个相互增强的排序算法。基于多步引用行为，白等（Bai et al.）[40] 提出了一个高阶加权的量子 PageRank 算法来度量论文的影响力。该方法通过高阶依赖的引用动态，揭示了论文实际的影响力，同时，该方法能够更好地区分自引。

相比论文影响力的评价，机构影响力评价更为复杂[41-43]。已有的机构影响力评估方法更多集中在统计的特征如基于研究者的特征（诺贝尔奖获得者数量、高被引研究者的数量、国际合作）、基于论文的特征（在《自然》和《科学》期刊上发表论文的数量、出版物的数量、高质量论文的数量、共同出版的数量）、基于机构的特征（大学出版的数量）以及其他特征如研究基金和毕业率等[44-45]。以上提及的特征，都很容易获得。然而，这些量化的指标存在很大的弊端，因此，研究者不断研究结构化的方法来量化机构的影响力。白等（Bai et al.）[46]

首先探索利益冲突关系，目的是发现不适当的引用量，进而弱化该引用权重。基于上述工作，PageRank 算法和 HITS 算法被用于引用网络、论文–作者网络和论文–期刊网络。最后，机构的影响力通过计算这个机构所发表论文的影响力的累加值而获得。Massucci 和 Docampo 研究大学之间的引用模式，在这个工作中，基于机构之间的引用网络被构建，在此基础上，PageRank 算法被使用来计算机构的评分。值得一提的是，在该研究中，论文之间的引用关系转换为机构之间的引用关系，但是由于一篇论文的署名机构可能是多个，所以论文之间的引用关系转换为机构之间的引用关系可能更复杂。

综上所述，尽管学者们已经从结构化的视角提出了一些论文和机构影响力评估方法，但是，缺乏在异构的网络中对学术论文影响力和机构的影响力共同评估的研究。针对现有评估的现状，本文从异构网络着手，同时评价论文影响力和机构影响力，提高评估效果。

2.3　问题描述

给定一批学术数据，进行论文影响力和机构影响力评估的目的是得到不同论文的影响力评分（能够反映论文水平的评分）以及不同机构的影响力评分，进而进行机构和论文的排名。构建面向学术大数据的论文影响力和机构影响力的评估方法具有很多挑战，本节从以下几个方面讨论论文影响力和机构影响力评估的关键问题。

（1）构建异构学术网络：论文影响力和机构影响力要想同时进行评价，一个解决方法就是构建论文–机构组成的异构网络，即论文–机构引用网络。

（2）基于机构–论文引用网络的结构化的机构影响力评估方法设计：PageRank 算法用于计算论文影响力评分和机构影响力评分，是实现论文影响力评估和机构影响力评估的核心部分。现有的结构化方法只是基于原始的引用网络，因此实现共同评价机构和论文影响力的方法需要将原始引用网络扩展到机构学术网络：机构–论文引用网络。

2.4 评估方法

本节提出了一种基于异构学术网络的机构和论文的影响力评估方法。

2.4.1 数据源和数据预处理

本章实验基于美国物理学会（American Physical Society，APS）数据集，该数据集包括 1970 年到 2013 年间在 Physical Review 上出版的全部论文，涵盖以下期刊：*Physical Review A*、*Physical Review B*、*Physical Review C*、*Physical Review D*、*Physical Review E*、*Physical Review I*、*Physical ReviewL*、*Physical Review ST* 以及 *Review of Modern Physics*。APS 数据集的论文信息主要由以下部分构成：论文标题、作者姓名、作者机构、出版日期以及被引论文列表。

在本章的研究中，用作实验的论文和机构满足以下条件：（1）论文和机构的细节信息是完全的而且格式正确；（2）每篇论文至少包含一个机构；（3）每个作者只保留所署名的第一个机构信息；（4）每个机构信息保留在大学层面。如，机构 Sloane Physics Laboratory，Yale university，我们仅保留机构信息为 Yale university。（5）相同机构名进行合并。例如，University of California at Berkeley 和 California University at Berkeley 表示相同的机构，最终我们保留机构名为 University of California，Berkeley。值得一提的是，1952 年前，University of California at Berkeley 叫作 University of California。因此，在本章的研究中，这两个名词统称为 University of California，Berkeley。

经过以上对 APS 数据集的预处理，关于 APS 数据集的一个统计信息如表 2.1 所示。从 1894—2013 年的 APS 数据集被用于量化机构和论文的长期影响力。相应地，为了量化机构和论文短期的影响力，本章总结不同时期的 APS 数据集的信息，该信息也显示在表 2.1 中。5 年时间段被选作量化机构和论文影响力的短期评价的时间段。该时间段的选择主要参考 Global Ranking of Academic Subjects（ARWU-GRAS）排序机构的方法[11] 185。除了计算论文的数量、机构的数量、论文之间链接的数量、论文和机构之间链接的数量，本章也计算论文文献的数量，包括出版在 1894—2013 年间的论文，这些文献用于量化机构和论文短期的影响力。如，为了量化 2009—2013 年机构的影响力，这一时期的一个机构-引用网络需要被构建，详细的介绍参见下一节。

表 2.1　不同时期 APS 数据集的信息

APS 数据集	1894—2013 年	1994—1998 年	1999—2013 年	2004—2008 年	2009—2013 年
论文	516 162	62 148	72 294	87 049	94 019
论文和文献	541 448	151 286	191 525	247 416	195 151
机构	227 031	65 046	93 035	125 253	154 023
论文之间的链接	6 040 030	656 203	887 790	1 249 273	1 564 650
论文和机构之间的链接	1 057 808	240 220	344 503	517 523	706 147

2.4.2　IPRank 模型框架

本节介绍 IPRank 模型，如图 2.2 所示，该模型是为共同量化机构和论文的影响力而设计。IPRank 模型框架首先构建机构-引用网络，然后基于机构-引用网络，运用 PageRank 算法来度量机构和论文的影响力。最后，合并机构的影响力，进而按顺序排列机构和论文的影响力。该方法的核心思想是基于异构学术网络而设计的结构化的度量方法。

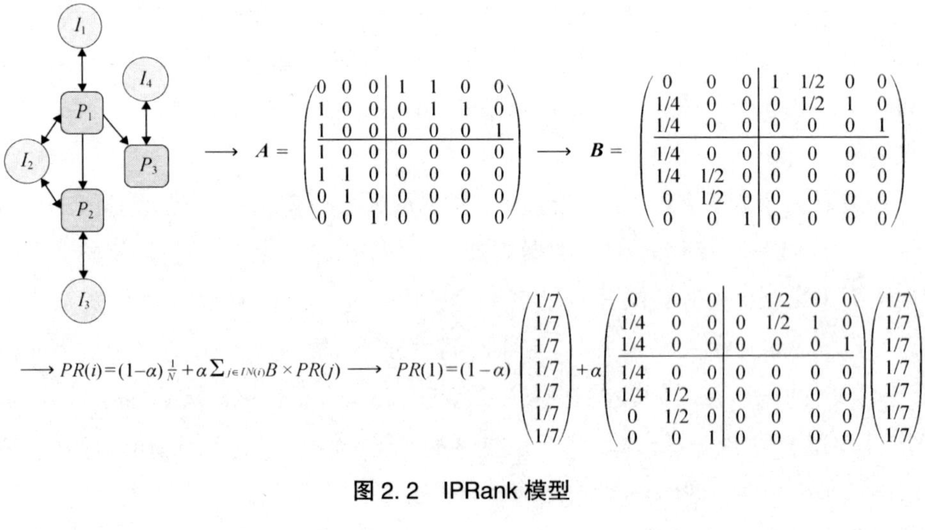

图 2.2　IPRank 模型

1）构建机构-引用网络

目前，有大量的文献介绍论文影响力的评估方法和机构影响力的评估方法。然而，据我们所知，在已有的研究中，没有研究尝试在构建异构的机构-引用网络的基础上，量化机构的影响力。在本章，机构-引用网络被构建，该网络是一个异构且有向的学术网络。机构-引用网络由两类节点组成：机构和论文。机构-引用网络包含两类链接：一类是学术论文之间的引用链接，另一类是机构和论文之间的链接。

给定一个机构集合 $I = I_1, I_2, \cdots, I_m$ 和学术论文集合 $P = P_1, P_2, \cdots, P_n$。$E_{PP}$ 表示学术论文之间的引用，E_{PI} 表示学术论文和机构之间的关系。这样，异构的机构-引用网络能够表示成一个图 $G = (I \cup U, E_{PP} \cup E_{PI})$。对于一个包含 m 个机构和 n 篇论文的机构-引用网络，图 G 可以用一个邻接矩阵 A 表示：

$$\begin{pmatrix} A_{PP} & A_{PI} \\ A_{IP} & 0 \end{pmatrix} \tag{2.1}$$

其中，A_{PP} 表示论文之间的引用矩阵，A_{PI} 和 A_{IP} 表示机构和论文之间的链接矩阵。由于机构和论文之间的链接是对称的，所以 $A_{PI} = A_{IP}^{\mathrm{T}}$。

2）IPRank 模型

IPRank 模型设计的动机如下：（1）如果一篇学术论文被许多其他论文引用，那就意味着这篇论文具有高的重要度。（2）如果一篇具有高的重要度的论文链接到其他论文，那么被链接论文的重要度相应地也要增加。（3）如果一个机构出版了许多篇论文，而且这些论文被许多论文引用，那么这就意味着这个机构具有高的重要度。（4）如果一篇具有高重要度的论文被链接到一个机构，那么这个被链接的机构的重要度也要提升。

图 2.2 显示一个简单的 IPRank 模型的框架。给定三篇论文：论文 P_1、论文 P_2 以及论文 P_3。论文 P_1 署名两个机构，机构 I_1 和机构 I_2。论文 P_2 署名两个机构，机构 I_2 和机构 I_3。论文 P_3 署名一个机构 I_4。由于论文 P_1 引用论文 P_2 以及论文 P_3，因此，一个简单的引用网络被构建，该网络是一个非加权的有向图。根据论文和机构之间的关系，论文和机构之间的链接被添加到引用网络，这样，一个简单的机构-引用网络就被构建好了。

假定 A 表示图 G 的邻接矩阵，B 表示矩阵 A 的转移概率矩阵。机构–引用网络能够表示成一个随机矩阵 PR。对于一个源点 i，PageRank 向量被定义为

$$PR(i) = (1 - \alpha)\frac{1}{N} + \alpha \sum_{j \in IN(i)} B \times PR(j) \tag{2.2}$$

其中，$PR(i)$ 表示在机构–引用网络中节点 i 的重要度。参数 α 表示一个常量，该值介于 0~1 之间，在本章的实验中，该值被设置为 0.85。参数 α 的取值参考了谷歌 PageRank 算法[21]8。N 表示机构–引用网络中节点的数量。j 表示节点 i 的邻接节点，$j \in IN(i)$ 表示节点 j 是节点 i 的入度。PageRank 算法如同随机游走，从源点 i 出发，若概率为 $1-\alpha$，跳到离当前节点最近的节点，或者概率为 α，在当前节点停止。根据公式（2.2），最终会在机构–引用网络中获得机构和论文影响力的评分。排序机构和论文的 IPRank 模型的算法如下：

输入：矩阵 A_{pp}、A_{pl}、A_{lp}

输出：$PR(i)$ 的评分

初始化矩阵 A

计算转移概率矩阵 B

初始化 $PR(i)$ 的评分

For 节点 i do，// （i 在机构–引用网络中）

　步骤 1：根据公式 2.2 计算 $PR(i)$ 的评分

　步骤 2：更新 $PR(i)$ 的评分

重复执行步骤 1 和步骤 2 直至收敛 Return $PR(i)$ 的评分

在机构–引用网络中，机构的重要度和论文的重要度就是他们的 PR 值。论文 P_2 和论文 P_3 被论文 P_1 引用，论文 P_3 仅署名一个机构 I_4。相比论文 P_3，论文 P_2 署名两个机构 I_2 和 I_3，因此，在这四个机构中，机构 I_4 是最有影响力的机构。只有论文 P_1 没有被其他论文引用，因此论文 P_1 的评分在三篇论文中的评分是最低的。由于机构 I_1 仅仅链接了论文 P_1，又由于论文 P_1 有一个低的评分，因此机构 I_1 是所有机构中评分最低的机构。论文 P_1 和论文 P_2 署名两个机构，而且他们共有一个相同的机构 I_2。既然论文 P_1 引用了论文 P_2，那么论文 P_2 的重要度要高于论文 P_1 的重要度。相似地，论文 P_2 和论文 P_3 被论文 P_1 引用，又由于论文 P_2

署名两个机构 I_2 和 I_3，而论文 P_3 署名一个机构 I_4，因此，机构 I_4 的重要度要高于机构 I_3 的重要度。

2.5　实验结果及分析

2.5.1　比较在机构排名上的相似性

在本章，IPRank 算法与 IRank 算法[11]185 均用于机构排名，我们比较这两个算法在机构排名上的相似性。虽然 IPRank 算法和 IRank 算法均为结构化度量方法，但是二者之间是存在差异的。IPRank 算法是基于异构的机构-引用网络，而 IRank 算法是基于机构之间同构的引用网络。表 2.2 显示比较 IPRank 算法和 IRank 算法的斯皮尔曼相关系数。

表2.2　比较 IPRank 与 IRank 的前 N 个机构排名的相关系数

前 N 个机构	1894—2013 年	1994—1998 年	1999—2003 年	2004—2008 年	2009—2013 年
前 10	0.88	0.90	0.75	0.93	0.99
前 20	0.76	0.87	0.86	0.71	0.88
前 30	0.83	0.89	0.62	0.76	0.92
前 40	0.77	0.93	0.75	0.79	0.90
前 50	0.73	0.92	0.83	0.83	0.87
前 60	0.75	0.90	0.85	0.85	0.89
前 70	0.74	0.90	0.87	0.88	0.89
前 80	0.74	0.92	0.89	0.89	0.85
前 90	0.75	0.90	0.91	0.89	0.84
前 100	0.77	0.90	0.92	0.91	0.85

根据表 2.2，我们能观察到，对于排名前 10 的机构到排名前 100 的机构，他们之间是非常相关的。就机构的长期影响力而言，IPRank 算法与 IRank 算法在排名前 10 到前 100 的机构中斯皮尔曼相关系数的变化范围为 0.73~0.88。特别地，对于前 10 个机构，两种算法的斯皮尔曼相关系数最大，达到 0.88。就机构的短

期影响力而言（1994—1998 年），这两种算法的斯皮尔曼相关系数变动较小，范围为 0.87~0.93。相比 1994—1998 年机构短期的影响力而言，在 1999—2003 年和 2004—2008 年的短期影响力中，IPRank 算法和 IRank 算法排名机构的斯皮尔曼相关系数的变化范围相对较大，一个范围是从 0.62~0.92，另一个范围是 0.71~0.93。在 2009—2013 年间，对于排名前 10 的机构而言，IPRank 算法和 IRank 算法排序机构的斯皮尔曼的相关系数是最高的，达到 0.99，而对于排名前 90 的机构而言，斯皮尔曼相关系数是最低的，其值为 0.84。

2.5.2　比较在论文排名上的相似性

本节比较 IPRank 算法和 IRank 算法在排名论文上相似性（见表 2.3）。就论文的长期影响力而言，这两个算法在排名前 10 篇论文到排名前 100 篇论文上的斯皮尔曼相关系数呈现上涨趋势，其范围从 -0.30~0.79。在 1994—1998 年间，IPRank 算法和 IRank 算法在排名前 10 篇论文到排名前 100 篇论文上的斯皮尔曼相关系数均高于 0.58，是正相关的。在 1999—2003 年间，IPRank 算法和 IRank 算法在排名前 10 篇论文到排名前 50 篇论文上的斯皮尔曼相关系数是正相关的，其值均高于 0.68。但是，对于同一时间段，IPRank 算法和 IRank 算法在排名前 60 篇论文到排名前 100 篇论文上的斯皮尔曼相关系数是比较低的，范围为 0.35~0.49。在 2004—2008 年间，IPRank 算法和 IRank 算法在排名前 10 篇论文到排名前 100 篇论文上的斯皮尔曼相关系数呈上涨趋势，其范围为 -0.18~0.73。而在 2009—2013 年间，IPRank 算法和 IRank 算法在排名前 10 篇论文到排名前 100 篇论文上的斯皮尔曼相关系数均少于或等于 0.5。总之，不同时期，IPRank 算法和 IRank 算法在排名前 N 篇论文上的斯皮尔曼相关系数是不同的。

表 2.3　比较 IPRank 与 IRank 的前 N 篇论文排名的相关系数

前 N 篇论文	1894—2013 年	1994—1998 年	1999—2003 年	2004—2008 年	2009—2013 年
前 10	-0.30	0.70	0.75	-0.18	0.45
前 20	0.38	0.75	0.68	0.18	0.44
前 30	0.57	0.76	0.77	0.39	0.50
前 40	0.62	0.79	0.73	0.39	0.38

续表

前 N 篇论文	1894—2013 年	1994—1998 年	1999—2003 年	2004—2008 年	2009—2013 年
前 50	0.61	0.78	0.77	0.46	0.41
前 60	0.67	0.80	0.49	0.52	0.41
前 70	0.76	0.71	0.35	0.51	0.46
前 80	0.78	0.58	0.41	0.58	0.47
前 90	0.79	0.62	0.41	0.65	0.22
前 100	0.77	0.67	0.36	0.73	0.06

2.5.3　IPRank 算法与杰出的影响力之间的关系

为了测试 IPRank 模型与杰出影响力之间的关系，我们比较 IPRank 算法与 PageRank 算法在排序诺贝尔奖论文上的排名。这些诺贝尔奖论文来源于 1993—2013 年间的 APS 数据集。为了验证 IPRank 算法的有效性，我们比较了 IPRank 算法和 PageRank 算法的排序结果。实验结果表明：采用 IPRank 算法的 80% 的诺贝尔奖论文的排名要高于采用 PageRank 算法的排名。

表 2.4 显示 IPRank 算法和 PageRank 算法在排序前 10 篇诺贝尔奖论文上的排名。该实验结果表明：IPRank 算法的排名与杰出影响力更相关。

表 2.4　比较 IPRank 与 PageRank 在前 10 篇诺贝尔奖论文上的排名

论文的 DOI	IPRank	PageRank	论文的 DOI	IPRank	PageRank
PhysRev. 108. 1175	2	4	PhysRevLett. 30. 1346	66	115
PhysRevLett. 45. 494	11	40	PhysRevLett. 30. 1343	69	107
PhysRev. 70. 460	31	34	PhysRevLett. 75. 3969	74	198
PhysRev. 73. 679	35	46	PhysRev. 76. 769	90	83
PhysRev. 131. 2766	38	52	PhysRevB. 4. 3174	99	118

相似地，我们比较 IPRank 算法与 PageRank 算法在前 N 个诺贝尔奖机构的排名。表 2.5 显示 IPRank 算法与 PageRank 算法在排名前 10 个诺贝尔奖机构上的排名。需要特别说明的是，从 1952 年，加州大学逐渐从加州大学伯克利分校独

立出来，作为一个独立行政系统，不再作为一个大学。因此，对于机构名 University of California，我们将其重新命名为 University of California，Berkeley。

从表 2.5 中，我们能观察到，有几个机构排名相同，而另外几个机构排名不同。这种差异的主要原因在于机构的重要度与其发表论文的重要度相关。如果一个机构发表的论文被其他论文引用，那么这个机构的重要度将增加。一般情况下，每个机构都有大量的链接的论文，并且链接论文的数量因机构不同而不同。因此，IPRank 算法与 PageRank 算法在排名机构上的差异是比较小的。相比机构的排名，论文的排名依赖于引用论文和其机构的影响力。因此，IPRank 算法和 PageRank 算法在排名论文上存在较大的差异性。表 2.5 中机构分别是加州大学伯克利分校（University of California，Berkeley）、哈佛大学（Harvard University）、普林斯顿大学（Princeton University）、芝加哥大学（University of Chicago）、康奈尔大学（Cornell University）、斯坦福大学（Stanford University）、哥伦比亚大学（Columbia University）、伊利诺伊大学（University of Illinois）、宾夕法尼亚大学（University of Pennsylvania）以及麻省理工学院（Massachusetts Institute of Technology）。

表 2.5　比较 IPRank 与 PageRank 在前 10 个诺贝尔奖机构上的排名

机构	IPRank	PageRank	机构	IPRank	PageRank
University of California, Berkeley	1	1	Stanford University	6	5
Harvard University	2	2	Columbia University	7	13
Princeton University	3	3	University of Illinois	8	8
University of Chicago	4	6	University of Pennsylvania	10	7
Cornell University	5	4	Massachusetts Institute of Technology	19	35

2.5.4　比较在排名论文上的召回率和准确性

图 2.3 比较 IPRank 算法和 IRank 算法在检索 35 篇诺贝尔奖论文中前 N 篇论文的召回率。通过观察图 2.3，我们能发现采用 IPRank 算法的召回率要高于采用

IRank 算法的召回率。这说明，IPRank 算法能够更好地反映诺贝尔奖论文的影响力。

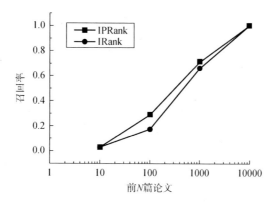

图 2.3　比较 IPRank 和 IRank 在排名前 N 篇论文中召回率

图 2.4 比较 IPRank 算法和 IRank 算法在识别诺贝尔奖机构中前 N 个机构召回的数量。这两种算法在排名前 1 个、前 2 个、前 3 个、前 6 个以及前 9 个机构上，均给出相同的召回的数量。而对于前 4 个、前 5 个、前 7 个、前 8 个以及前 10 个机构上，IPRank 算法的召回的数量要高于 IRank 算法的召回的数量。

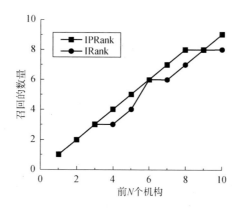

图 2.4　比较 IPRank 和 IRank 在检索前 N 个机构中的召回的数量

该实验表明，IPRank 算法能够更好地反映诺贝尔奖机构的影响力。

图 2.5 比较 IPRank 算法与 IRank 算法在识别诺贝尔奖机构中前 N 个机构的准确率。对于排名前 1 到前 8 的大学，IPRank 的准确率为 1。对于排名第 9 和第

10 的大学，IPRank 算法的准确率介于 0.88~0.90 之间。相比较而言，IRank 算法的准确率介于 0.80~0.89 之间。

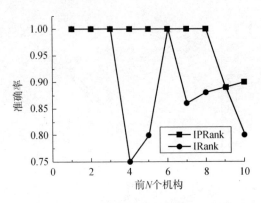

图 2.5　比较 IPRank 和 IRank 在检索前 *N* 个机构中的准确率

总之，IPRank 算法在检索诺贝尔奖机构的前 *N* 个机构中，其准确率高于或等于 IRank 算法的准确率。

2.6　小结

现有的基于网络结构化的论文影响力评估方法以及机构影响力评估方法，其弊端在于没有在异构的学术网络中共同量化机构和论文的影响力。本章提出了基于机构-引用网络的 PageRank 评估方法，此方法考虑异构的学术网络机构-引用网络。首先，基于机构与论文之间的关系，构造了一个异构的学术网络机构-引用网络。其次，基于机构-引用网络，利用 PageRank 算法，计算机构和论文影响力评分。最后，比较 IPRank 算法和对比算法。本章在一个真实的数据集上进行了相关的实验，并证明了本文提出基于机构-引用网络的 PageRank 算法优于现有的评估方法。基于机构-引用网络的 PageRank 算法能够更好地识别诺贝尔奖的论文和获得诺贝尔奖的机构。

基于机构-引用网络的 PageRank 算法具有普适性。本方法可以扩展到其他研究领域用于识别不同网络中节点的重要度。

注：本章研究成果发表在 2020 年的 *IEEE ACCESS* 期刊上，题目为 *Measure the Impact of Institution and Paper via Institution-citation Network*。

参考文献

［1］BORNMANN L,ANEGON F D M,MUTZ R. Do universities or research institutions with a specific subject profile have an advantage or a disadvantage in institutional rankings［J］. Journal of the American Society for Information Science & Technology,2013,64(11):2310-2316.

［2］BAI X,XIA F,LEE I,et al. Identifying anomalous citations for objective evaluation of scholarly article impact［J］. PLoS ONE,2016,11(9):e0162364.

［3］BAI X,ZHANG F,LEE I. Predicting the citations of scholarly paper［J］. Journal of Informetrics,2019,13(1):407-418.

［4］BAO P,WANG J. Proceedings of Companion Web Conference, April 23–27, 2018［C］. WWW,2018.

［5］BOL T,DE VAAN M,VAN DE RIJT A. The matthew effect in science funding［J］. Proceedings of the National Academy of Sciences of the United States of America,2018,115(19):4887-4890.

［6］LEE H. Uncovering the multidisciplinary nature of technology management:journal citation network analysis［J］. Scientometrics:An International Journal for All Quantitative Aspects of the Science of Science Policy,2015,102(1):51-75.

［7］IACOVACCI J,RAHMEDE C, ARENAS A,et al. Functional multiplex PageRank［J］. Europhys. Letter,2016,116(2):28004.

［8］RENOUST B,CLAVER V,BAFFIER J F. Multiplex flows in citation networks［J］. Applied Network Science,2017,2(1):23.

［9］ROUSE W B,LOMBARDI J V,CRAIG D D. Modeling research universities:Predicting probable futures of public vs. Private and large vs. small research universities［J］. Proceedings of the National Academy of ences,2018,115(50):201807174.

［10］FERNÁNDEZ-CANO A,CURIEL-MARIN E,TORRALBO-RODRÍGUEZ M,et al. Questioning the Shanghai Ranking methodology as a tool for the evaluation of universities:an integrative review［J］. Scientometrics,2018,116(3):2069-2083.

［11］MASSUCCI F A,DOCAMPO D. Measuring the academic reputation through citation networks via PageRank［J］. Journal of informetrics,2019,13(1):185-201.

[12]WANG Y,TONG Y,ZENG M. Proceedings of 27th AAAI Conference on Artificial Intelligence,July 14-18,2013[C]. AAAI Press,2013.

[13]ZHOU D,ORSHANSKIY S A,ZHA H,et al. Proceedings of 7th IEEE Internet Conference on Data Mining (ICDM),October 28-31,2007[C]. IEEE,2007.

[14]YE Z,GAO C,JIANG X,et al. Proceedings of 11th International Conference on Semantics,August 15-17,2015[C]. IEEE,2016.

[15]WANG D,SONG C,BARABÁSI A L. Quantifying long-term scientific impact [J]. Science,2013,342 (6154):127-132.

[16]WANG S,XIE S,ZHANG X,et al. Proceedings of SIAM International Conference on Data Mining,July 6-7,2014[C]. SIAM,2014.

[17]KE Q,FERRARA E,RADICCHI F,et al. Defining and identifying Sleeping Beauties in science[J]. Proceedings of the National Academy of Sciences of the United States of America,2015,112 (24):7426-7431.

[18]STEGEHUIS C,LITVAK N,WALTMAN L. Predicting the long-term citation impact of recent publications[J]. Journal of Informetrics,2015,9(3):642-657.

[19]BATTISTON F,NICOSIA V,LATORA V. The new challenges of multiplex networks:Measures and models[J]. The European Physical Journal Special Topics,2017,226(3):401-416.

[20]PIWOWAR H. Value all research products[J]. Nature,2013,493(7431):159.

[21]CHEN P,XIE H,MASLOV S,et al. Finding scientific gems with Google's PageRank algorithm[J]. Journal of Informetrics,2008,1(1):8-15.

[22]HALU A,MONDRAGÓN R J,PANZARASA P,et al. Multiplex PageRank[J]. Plos One,2013,8(10):e78293.

[23]SENANAYAKE U,PIRAVEENAN M,ZOMAYA A. The PageRank-Index:Going beyond Citation Counts in Quantifying Scientific Impact of Researchers[J]. PLoS ONE,2015,10(8):e0134794.

[24]ZEITLYN D,HOOK D W. Perception, prestige and PageRank[J]. Plos One, 2019, 14 (5):e0216783.

[25]MA N,GUAN J,ZHAO Y. Bringing PageRank to the citation analysis[J]. Information Processing & Management,2008,44(2):800-810.

[26]MOLINARI A,MOLINARI J F. Mathematical aspects of a new criterion for ranking scientific institutions based on the h-index[J]. Scientometrics,2008,75(2):339-356.

[27]DOCAMPO D. On using the Shanghai ranking to assess the research performance of universi-

ty systems[J]. Springer-Verlag New York, Inc. 2011, 86(1): 237-237.

[28] KAPUR N, LYTKIN N, CHEN B C, et al. Proceedings of 22nd ACM SIGKDD International Conferenceon Knowledge Discovery and Data Mining, August 13-17, 2016[C], ACM, 2016.

[29] FENG F, NIE L, WANG X, et al. Proceedings of International ACM SIGIR Conference on Research and Development in Information Retrieval, August 7-11, 2017, ACM, 2017.

[30] ZARE BANADKOUKI M R, VAHDATZAD M A, OWLIA M S, et al. Ranking iranian universities: An interpretative structural modeling approach[J]. Scientometrics, 2018, 117(3): 1493-1512.

[31] DOBROTA M, BULAJIC M, BORNMANN L, et al. A new approach to the QS university ranking using the composite I-distance indicator: Uncertainty and sensitivity analyses[J]. Association for Information Science and Technology, 2016, 67(1): 200-211.

[32] GARFIELD E. Citation index for science[J]. Science, 1955, 4: 67-70.

[33] GARFIELD E. Citation Analysis as a Tool in Journal Evaluation[J]. Science, 1972, 178(4060): 471-479.

[34] CATALINI C, LACETERA N, OETTL A. The incidence and role of negative citations in science[J]. Proceedings of the National Academy of Sciences of the United States of America, 2015, 112(45): 13823-13826.

[35] MOLINARI J F, MOLINARI A. A new methodology for ranking scientific institutions[J]. Scientometrics, 2008, 75(1): 163-174.

[36] SU C, PAN Y T, ZHEN Y N, et al. PrestigeRank: A new evaluation method for papers and journals[J]. Journal of Informetrics, 2011, 5(1): 1-13.

[37] LONDON A, NÉMETH T, PLUHÁR A, et al. A local PageRank algorithm for evaluating the importance of scientific articles[J]. Annales Mathematicae et Informaticae, 2015, 44: 131-141.

[38] JIANG X, SUN X, ZHUGE H. Proceedings of ACM 2012 Conference on Information and Knowledge Management. (CIKM), October 29 -November 2, 2012[C]. ACM, 2012.

[39] IOANNIDIS, JOHN P A. A generalized view of self-citation: Direct, co-author, collaborative, and coercive induced self-citation[J]. Journal of Psychosomatic Research, 2015, 78(1): 7-11.

[40] BAI X, ZHANG F, HOU J, et al. Quantifying the Impact of Scholarly Papers Based on Higher-Order Weighted Citations[J]. PLoS ONE, 2018, 13(3): e0193192.

[41] PERIANES-RODRIGUEZ A, RUIZ- CA STILLO J. Multiplicative versus fractional counting methods for co-authored publications. The case of the 500 universities in the Leiden Ranking[J]. Journal of Informetrics, 2015, 9(4): 974-989.

［42］DOBROTA M,DOBROTA M. ARWU Ranking Uncertainty and Sensitivity:What If the Award Factor Was Excluded? ［J］. Journal of the American Society for Information Science, 2016, 67 (2):480-482.

［43］PERIANES-RODRIGUEZ A,RUIZ-CASTILLO J. The impact of classification systems in the evaluation of the research performance of the leiden ranking universities［J］. J. Journal of the Association for Information Science & Technology,2018,69(8):1046-1053.

［44］DARAIO C,BONACCORSI A,SIMAR L L. Rankings and university performance:A conditional multidimensional approach［J］. European Journal of Operational Research,2015,244(3):918-930.

［45］FRENKEN K,HEIMERIKS G J,Hoekman J. What drives university research performance? An analysis using the CWTS Leiden Ranking data［J］. Journal of Informetrics,2017,11(3):859-872.

［46］BAI X,LEE I,NING Z,et al. The Role of Positive and Negative Citations in Scientific Evaluation［J］. IEEE Access,2017(5):17607-17617.

第 3 章　机构影响力预测模型

本章阐述机构影响力预测模型的设计过程与求解方法。首先分析机构影响力研究现状，基于 KDD CUP 2016 竞赛背景，针对机构影响力预测模型存在的关键问题，设计三个基于机器学习的预测机构影响力模型，然后阐述机构影响力预测模型的实现细节。最后通过实验在预测准确性方面验证机构影响力预测模型的有效性。

3.1　引言

目前，Internet of things 有许多重要的应用[1-3]。基于学术网络已经开展了许多重要的研究工作，如学术影响力评价（学者影响力评价、论文影响力评价、机构影响力评价等）、学术影响力预测（学者影响力预测、论文影响力预测、期刊影响力预测等）、学术推荐（论文推荐、合作者推荐以及出版社推荐等）、合作者分析以及团队识别等。

由于研究机构的影响力或者是大学排名在国家政府决策、资金分配、学生升学择校、就业选择等方面具有重要的指导作用。该研究主题已经吸引了学者广泛的关注，因此，有关部门举办了 KDD CUP 2016 竞赛。该竞赛致力于解决如下挑战性的问题：基于微软学术图谱（MAG）数据集，预测不同机构在 2017 年的八个顶级会议上发表的论文数量。

上面提及的八个顶级会议具体包括软件工程领域顶级国际会议（International Conference on Fast Software Encryption，FSE）、机器学习领域的顶级国际会议（International Conference on Machine Learning，ICML）、数据挖掘领域的顶级学术会议（Knowledege Discovery and Data Mining，KDD）、多媒体技术领域顶级学术会议（International Conference on Multimedia，MM）、计算机网络方面的顶级学术

会议（International Conference on Mobile Computing and Networking，MobiCom）、网络通信领域的顶级学术会议（ACM International Conference on the applications，technologies，architectures，and protocols for computer communication，SIGCOMM）、信息检索领域国际顶级学术会议（International Conference on Research and Development in Information Retrieval，SIGIR）和数据库领域国际顶级学术会议（International Conference on Management of Data，SIGMOD）。

机构影响力评价大多集中在文献计量指标，而这些指标是以引用量为基础而设计的指标。机构影响力评估方法可分为两类：一类是全量化方法，另一类是部分量化方法。全量化方法主要基于这样一个假设：对于一篇论文而言，所有作者的贡献是相同的。如果一个作者同属于多个机构，那么每个机构的贡献也是相同的[4-5]。关等（Kuan et al.）[6] 提出利用 h-index 指标和 c-descriptor 来刻画机构的影响力。部分量化方法主要思想是考虑最好的期刊和最好论文的比率指标以及高被引论文的数量[7]。此外，迈尔斯等（Myers et al.）[8] 提出不同学科在自己学科内部排名，而排名方法主要依据论文的引用量来排序机构。阿布拉莫等（Abramo et al.）[9] 提出利用高被引论文的数量排序机构，而且他们应用这个指标给出了意大利大学在不同学科的排名。机构影响力评价主要评价机构现有的影响力；而机构影响力预测目的是预测机构在未来某一时间点的影响力。

本章最主要的研究工作就是预测不同的研究机构在 2017 年的八大国际顶级会议上被接收的论文数量。然而，预测研究机构被接收的论文数量是一项非常具有挑战性的任务。主要原因如下：首先，预测机构未来的影响力是一个开放性的研究主题，而且缺乏准确性。其次，学术网络中存在大量的异构信息，使得预测难度增大。在本章，我们分析每个机构出版的历史记录，基于出版的历史记录、出版的时间信息以及会议举办地点，我们提出了几个预测机构影响力的模型。在预测机构影响力的模型中，每个机构的准确性就是该机构在给定的某个国际顶级学术会议上发表的论文数量。此外，时间信息和空间信息主要用于模型的加权设计。也就是说，在预测模型中，如果一个机构的准确性更接近于预测年的该机构的准确性，那么这个数据将被给更高的时间权重。由于八大国际顶级会议召开的地理位置不同，这也带来了不同机构参会的差异性。对于一个机构而言，如果这个机构所在的国家在某个国际顶级会议上发表的论文越多，那么这个机构会获得一个更高的权重，否则，这个机构将获得较少的权重。基于以上不同机构的三类特征（历史评分、时间、空间），我们整合这三类特征到马尔可夫模型（Markov）[10]、神经网络模型（NN）[11] 以及一个基于支持向量机（SVM）[12] 和神经网络的混合模型（SVM_NN）。需要说明的是，在本章我们提出了一个新的预测模型，即 SVM_NN 模型。该模型首先利用支持向量机模型分类每个机构的历史记录，然后利用神经网络模型预测每个机构的影响力。本章的研究表明，每个机构历史的评分作为预测未来机构评分的一个特征可以取得较好的预测性能，然而，适当地考虑时间信息和空间信息也能提高预测模型的预测性能。

本章提出的机构影响力预测模型的主要贡献如下：

（1）设计三个预测机构影响力模型，三个模型基于机器学习算法。

（2）鉴于机构影响力可能受到历史成绩、时间和空间因素的影响，提出基于历史评分、时间信息和空间信息的预测机构影响力模型。

（3）比较了三类模型预测机构影响力的准确性。

3.2　相关工作

学术影响力研究主要分为两类：学术影响力评价和学术影响力预测。学术影响力评价主要包括以下学术实体的评价：学者、论文、期刊、会议、机构、团队以及国家等。学术影响力预测主要包括论文影响力预测和学者影响力预测等。学术影响力评价的研究有许多好处，包括资金分配、工作调转以及就业分配等。相比学术影响力评价，学术影响力预测研究对国家、机构等组织更有指导意义。

自从 1960 年，加菲尔德建立科学信息机构（Institute of Scientific Information，ISI），科学论文的影响力主要参考其引用量的数量，引用量数量越多，说明论文的影响力越大；引用数量越少；说明论文的影响力越小。在过去几十年里，研究者已经在学术影响力研究方面取得了前所未有的进展，从 h-index[13] 到 h-index 相关的变体[14-15]；从期刊影响因子（Journal of Impact Factor，JIF）[16] 到特征向量因子（Eigenfactors）[17]；从单维度特征评价到多维度特征评价[18]。接下来，我们详细介绍一下论文影响力预测模型和学者影响力预测模型。

3.2.1 论文影响力预测模型

预测论文影响力是研究其他学术实体影响力的基础性工作。预测论文影响力的方法主要分为两类：一类是基于引用量的方法；另一类是与引用量无关的方法。

基于引用量预测论文影响力代表性方法如下：一个数据分析的方法被提出，其目的是预测学术论文在未来的引用量，该方法基于学术论文发表的短期的历史以及该学术论文发表的期刊[19]。在这个研究中，一篇学术论文的引用量来源于不同学科，即一篇学术论文的引用量为在不同学科中所有引用量的和。期刊影响力因子和学术论文早期的引用量特征也被用于预测学术论文长期的影响力[20]。

查克拉博蒂等（Chakraborty et al.）[21]提出了一个预测论文引用量的模型，该模型被设计成一个两个阶段的框架。在第一阶段，他们利用多分类支持向量机技术将学术论文分为六类：（1）论文的引用量在 5 年内达到峰值（PeakInit）；（2）引用分布包括多个峰值（PeakMul）；（3）论文发表初期获得的引用量较少，而后至少在发表 5 年后出现峰值（PeakLate）；（4）在论文发表的第二年出现峰值，随后引用量减少（MonDec）；（5）论文自出版之后，其引用量一直在增加（MonIncr）；（6）除以上 5 类情形以外的其他情形的论文（Oth）。在第二阶段，他们从每个训练实例中抽取特征，这些特征包括以作者为中心的特征（author-centric features）、以出版社为中心的特征（venue-centric features）和以论文为中心的特征（paper-centric features），基于以上特征，他们利用支持向量机回归技术（Support Vector Regression，SVR）预测学术论文的引用量[21]。

基于与引用量无关的预测论文影响力最具有代表性方法为王等（Wang et al.）的研究成果[22]，该成果发表在 2013 年的《科学》上。在这个研究中，研究者们提出一个预测论文引用量的模型，该模型主要通过识别三个基本机制：兴趣偏好、衰减率以及相对差异性。该预测模型中主要通过三个参数来预测论文未来的引用量，这三个参数分别为 λ_i，μ_i，δ_i。λ 表示相对的适应度，该参数捕获一篇论文相对于其他论文的意义；μ 表示即时性，该参数控制一篇论文引用量达到峰值的时间；δ 表示寿命，该参数捕获论文引用量衰减率。模型如下：

$$C_i^t = m \left[e^{\frac{\beta_{\eta_i}}{A}\phi\left(\frac{\ln t - \mu_i}{\delta_i}\right)} - 1 \right] \equiv m \left[e^{\lambda_i \phi\left(\frac{\ln t - \mu_i}{\delta_i}\right)} - 1 \right] \tag{3.1}$$

其中，

$$\phi(x) \equiv (2\pi)^{-1/2} \int_{-\infty}^{x} e^{-y^{2}/2} \mathrm{d}y \qquad (3.2)$$

是累计的正态分布，m 表示每一篇新论文所包含的平均文献数量，β 表示出版物总量的增长率，A 表示一个归一化的常量。这里的三个参数均为全局参数，对于所有论文而言，他们的值是相同的。

基于王等（Wang et al.）[22] 的工作，肖等（Xiao et al.）[23] 提出一个预测论文影响力模型，该模型致力于解决在论文引用过程中的第二波峰问题。该研究主要核心思想在于考虑论文本身固有的影响力、引用量随着时间而衰减的规律以及支持近期发表的论文以上三个因素来预测论文的影响力。此外，学术网络之中的合作者网络也被用于预测学术论文的影响力[24]。

3.2.2　学者影响力预测模型

目前，学者影响力最简单、最受欢迎的评价指标为 h-index。学者们研究学者影响力预测方法主要集中在预测学者在未来的 h-index 指标。大多预测学者影响力模型使用以下特征：学术年龄（学者发表第一篇论文以来经历的岁月）、现有的 h-index 值、作者发表的论文数量以及在有影响力期刊上发表的论文数量[25]。作者的权威和出版社的权威也被用作预测学者影响力的关键性因素[26]。类似的工作有，研究的流行度和出版社的权威一同被用于预测学者未来的 h-index 值[27]。学术合作网络被用于预测学者未来的 h-index 值[28]。一个朴素贝叶斯方法被用于预测学者影响力，该研究中将学者的 h-index 指标分为两类，初级学者的 h-index 指标和高级学者的 h-index 指标[29]。

此外，发现学术之星（rising star）也是一个重要的学者影响力预测研究主题。帕纳戈普洛斯等（Panagopoulos et al.）[30] 利用合作者网络和论文摘要部分识别学术之星。达乌德等（Daud et al.）[31] 提出一个预测学术之星的方法，该方法是在 PubRank 方法和 StarRank 方法的基础上，进行改进而成，其方法名被称作 WNIRank 方法。

相比以上研究，预测 2017 年在八大国际顶级学术会议上机构发表论文的数量是一个非常有趣的研究主题。现有的研究，大多集中在评价机构的影响力。机构影响力评价研究尽管已经取得了一定的研究成果，但是，在该研究领域也存在其局限性。既然目前的度量方法中大多基于以下假设：所有的引用量都是同等重要的。但是，在实际学术社群中，这必将带来机构影响力不公平的评价。此外，预测一个机构未来的影响力要比评估现有的影响力更有意义。以 KDD CUP 2016 竞赛为契机，本章提出了三个基于机器学习的机构影响力预测方法。

综上所述，针对现有的机构影响力预测现状，本章通过研究驱动机构影响力的三大因素：历史评分、时间和空间信息，进而进行建模，提升预测模型的效果。

3.3 问题描述

基于机器学习的机构影响力预测模型的关键是根据影响力机构影响力变化的三大因素：历史评分、时间和空间信息进行建模，通过分析驱动机构影响力演化的因素，构建机构影响力预测模型，因此，本章的重点在于设计基于机器学习的预测机构影响力模型。

给定一批学术数据，基于机器学习的机构影响力预测模型的目的是在已有模型的基础上，通过分析驱动机构影响力演变的因素，扩展已有模型使之能够有效地预测机构影响力。基于机器学习的机构影响力预测模型主要考虑以下三类特征：

（1）机构的历史评分。基于 KDD CUP 2016 竞赛，每个机构的历史评分，即为每个机构在八大国际顶级学术会议上发表论文的数量，该历史评分对预测机构未来的影响力具有重要的参考意义。也就是说，在给出的某个国际顶级会议上，一个机构在该会议上发表的论文数量，在一定程度上，对其未来在该会议上发表的论文数量具有一定的指导意义。

（2）时间。尽管机构历史的评分对于机构未来的影响力有很强的指导性作用，但是，实验表明，时间因素能够进一步改进机构影响力的预测效果。

（3）空间。除了机构历史评分和时间特征，在本章研究中，我们探索了空间特征的影响，如国家特征。利用会议举办地的地理位置信息，我们进一步改进了预测机构影响力的效果。

实现基于机器学习的机构影响力预测具有很多挑战，如哪些特征驱动了机构影响力的变化。接下来重点介绍三个基于机器学习的机构影响力预测模型。

3.4　基于机器学习的预测模型

3.4.1　数据集及预处理

本章实验的数据来源于微软学术图谱（MAG），该数据集可以从网址：https：//kddcup2016. azurewebsites. net/Data 自由下载。该数据集共包括 56 677 篇学术论文，每篇论文包括如下信息：论文的 ID、原始的论文题目、标准化论文的题目、论文发表的年份、论文发表的时期、论文唯一标识 DOI、原始出版社的名称、标准化出版社的名称、与期刊 ID 匹配的出版社、与会议 ID 匹配的出版社以及论文的排名。此外，该数据集还提供一个引用关系的列表，包括论文的 ID 以及其参考文献的 ID。由于该数据集中大约有8%的数据存在数据缺失现象，在本章实验中，这部分存在缺失的数据排除在外。

本章所采用的预测方法是基于机器学习的预测方法。其训练数据集为 MAG，数据集中八个顶级学术会议：FSE、ICML、KDD、MM、MobiCom、SIGCOMM、SIGIR 和 SIGMOD。其中，从 2000—2015 年的会议数据被用作训练数据集。每个机构在这八大顶级会议上历史的评分、时间因素和空间因素被用于训练模型。该实验的测试数据集来源于 KDD CUP 2016 竞赛在 2011—2015 年间八大顶级学术会议上所选择的论文。

3.4.2　基于一阶马尔科夫的预测模型

本节我们提出利用一阶马尔科夫预测模型来实现预测机构的影响力。我们这部分工作的目的不在于给出每个机构影响力具体的估计的值，而是估计每个机构影响力可能出现的概率分布。预测机构影响力的一阶马尔科夫模型的公式如下：

$$S^n = S^{n-1} \times P = S^0 \times P^n \tag{3.3}$$

其中，S^n 表示机构在第 n 年的状态概率；S^{n-1} 表示机构在第 $n-1$ 年的状态概率；P 表示转移概率；S^0 表示机构在初始年的状态概率，P^n 表示第 n 年的转移概率。如图 3.1 所示，马尔可夫模型包括三个状态，其中，P_1、P_2、P_3 分别表示在状态 S_1、S_2、S_3 时的概率，而 A_{12} 表示从状态 S_1 到状态 S_2 的概率，而 A_{21} 表

示从状态 S_2 到状态 S_1 的概率，其他与上述相同。在本节实验中，初始概率为每个机构在 2000 年真实的发表论文的数量的概率。在一阶马尔科夫模型中，三个状态包括上升、稳定和下降。根据每个机构的初始概率和其在 $n-1$ 年的转移概率，每个机构在第 n 年的状态被预测。

预测每个机构在第 n 年影响力的公式如下：

$$\bar{I} \pm t_{a/2}s\sqrt{1 + \frac{1}{n}} \tag{3.4}$$

基于上述公式，即可预测每个机构影响力可能变化的范围。如果一个机构影响力 I_{n+1} 的预测值处于上升趋势，那么其变化范围为机构影响力的平均值 $\bar{I}$ 到 $\bar{I} + t_{a/2}s\sqrt{1+\frac{1}{n}}$；反之，如果一个机构影响力 I_{n+1} 的预测值处于下降趋势，那么其变化范围为机构影响力的 $\bar{I} - t_{a/2}s\sqrt{1+\frac{1}{n}}$ 到平均值 $\bar{I}$。

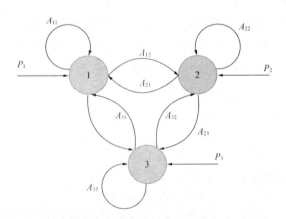

图 3.1　马尔可夫模型的状态

3.4.3　基于神经网络的预测模型

在本节，我们采用前馈神经网络来预测机构影响力（图 3.2）。从 MAG 数据集中，18 822 篇学术论文被用于训练预测机构影响力模型，该模型简称为 NN。在前馈神经网络模型中，我们主要采用以下特征预测：每个机构真实的历史评分、加权的时间和加权的国家。每个机构离预测年发表的年份越近，其时间权重越高；每个机构距离举办国际顶级学术会议的地理位置越近，其国家的权重越高。训练数据集被分为以下四类：（1）考虑一个特征，即每个机构真实的历史评分；（2）考虑两个特征，每个机构的历史评分和加权的时间；（3）考虑两个特征，每个机构的历史评分和加权的国家；（4）考虑三个特征，考虑每个机构的历史评分、加权的时间和加权的国家。测试数据集包括 2011—2014 年的每个机构的历史的评分、加权的时间和加权的国家，利用这些数据来预测每个机构在2015 年八大顶级会议上发表论文的数量。

机构影响力的预测过程可描述为，给定 n 年的训练数据 $(x_1,\cdots,x_4,y_1),(x_2,\cdots,x_5,y_2)$，$\cdots$，$(x_n,\cdots,x_{n+3},y_n)$，$x_i$ 表示每个机构的真实的历史评分，y_i 表示每个机构预测的评分，在第 n 年，每个机构影响力预测公式为

$$y_n = F(x_{n-4}, x_{n-3}, x_{n-2}, x_{n-1}) \tag{3.5}$$

其中，x_{n-4}，x_{n-3}，x_{n-2}，x_{n-1} 分别表示每个机构在 $n-4$ 年、$n-3$ 年、$n-2$ 年和 $n-1$ 年历史的评分，y_n 表示在预测年 n 的影响力评分。以上预测公式适用于考虑一种特征，即机构的历史评分来预测机构影响力的情形。

对于考虑两种特征：机构的历史评分和加权时间因素的情形，主要在原有公式中加上加权的时间特征即可。对于考虑两种特征：机构的历史评分和国家因素的情形，主要在原有公式中加上加权的国家特征即可。对于考虑三种特征：机构的历史评分、时间和国家因素的情形，主要在原有公式中加上加权的时间、加权的国家特征即可。

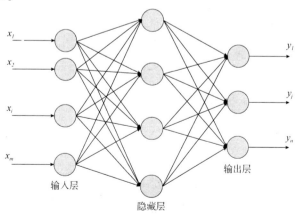

图 3.2　预测机构影响力的神经网络模型

3.4.4　基于 SVM 和 NN 的预测模型

除了上述两个预测机构的影响力模型，为了改进预测机构影响力的预测效果，我们提出了一个混合两种机器学习算法的预测模型。该模型的核心思想是，首先利用支持向量机将机构的影响力进行分类，其次，基于上述分类的机构，利用神经网络预测每个机构的影响力，如图 3.3 所示。为了将机构分类，需要估计函数 $f: R^N \rightarrow \{\pm 1\}$。我们首先构建一个训练数据集，目的是每个机构的影响力均有一个类标签。其公式如下：

$$(x_1, y_1), \cdots, (x_k, y_k) \in R^N \times \{\pm 1\} \tag{3.6}$$

x_k 表示机构影响力，y_k 表示机构影响力的分类标签。SVM 模型可以实现以下想法：输入特征向量映射到高维特征空间并构造最佳分离超平面，其目的是最大化空间中每一类超平面和最近数据点距离。不同的映射可以构建不同的 SVM 模型。映射可以通过一个核函数完成。该功能定义如下：

$$F(\vec{x}) = \text{sgn}\left(\sum_{i=1}^{N} y_i \alpha_i \cdot K(\vec{x}, \vec{i}) + b \right) \tag{3.6}$$

其中，参数 α_i 可以通过求解凸二次规划（QP）问题而得，具体如下：

$$\text{Maximize} \sum_{i}^{N} \alpha_i - \frac{1}{2} \sum_{i=1}^{N} \sum_{j=1}^{N} \alpha_i \alpha_j \cdot y_i y_j \cdot K(\vec{x_i}, \vec{x_j}) \tag{3.7}$$

满足

$$0 \leqslant \alpha_i \leqslant C, \sum_{i=1}^{N} \alpha_i y_i = 0 \quad (i = 1, 2, \cdots, N) \tag{3.8}$$

其中，C 表示一个正则化参数，主要用于权衡边缘和分类错误的参数。如果 $\vec{x_i} > 0$，$\vec{x_j}$ 表示支持向量。本章径向基函数核的公式定义如下：

$$K(\vec{x_i}, \vec{x_j}) = \exp(-\gamma \| \vec{x_i} - \vec{x_j} \|^2) \tag{3.9}$$

相比上节的神经网络模型，SVM 的优势在于解决了 QP 问题，是全局优化的，而神经网络模型仅找到局部最小值。此外，支持向量机模型可以有效避免过度拟合。在本章中，类标签包括 11 种类型，而前 50 个分支机构每 5 个机构被分配一个类标签。即排名前 5 的机构，其类标签为 1，依此类推。标签 11 分配给那些排名超出前 50 的机构。

由于该模型分为两阶段，分类（使用 SVM）和预测（使用 NN）。因此，在不同阶段的采用的特征可分为以下 16 种情况，如表 3.1 所示。

表 3.1　基于 SVM 和 NN 的预测模型的参数选择

模型	SVM	NN	模型	SVM	NN
SVM_NN1	a	a	SVM_NN9	a, b, c	a
SVM_NN2	a	a, b	SVM_NN10	a, b, c	a, b
SVM_NN3	a	a, c	SVM_NN11	a, b, c	a, c
SVM_NN4	a	a, b, c	SVM_NN12	a, b, c	a, b, c
SVM_NN5	a, c	a	SVM_NN13	a, b	a
SVM_NN6	a, c	a, b	SVM_NN14	a, b	a, b
SVM_NN7	a, c	a, c	SVM_NN15	a, b	a, c
SVM_NN8	a, c	a, b, c	SVM_NN16	a, b	a, b, c

注：a 表示机构历史的评分，b 表示加权的时间，c 表示加权的国家。

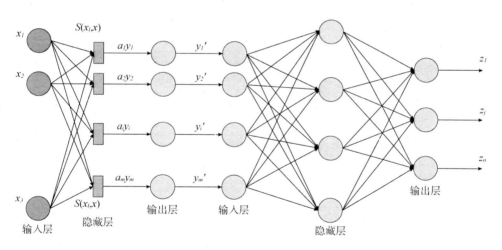

图 3.3　基于 SVM 和 NN 的预测机构影响力模型

3.5　实验结果及分析

为了预测 2016 年在八个顶级学术会议上每个机构发表的论文数量，本章从微软学术图谱（MAG）数据集中抽取出八个会议的论文数据。我们通过一个简单的规则来排名机构。规则的具体内容如下：（1）每篇被接收的论文，他们的重要度相同。（2）对于一篇论文而言，每个作者的贡献相同。（3）如果一个作者有多个机构，每个机构的贡献也是相同的。我们按照以上规则，将机构进行排名，该规则来源于 KDD CUP 2016 官方网站。

3.5.1 模型评价指标

为了有效地评价机构的影响力，归一化折损累计增益（Normalized Discounted Cumulative Gain，NDCG）被用来作为预测模型的评价指标。NDCG 是一个标准化的折损累计增益（Discounted Cumulative Gain，DCG）。DCG 的公式被定义为

$$\mathrm{DCG} = \sum_{i=1}^{n} \frac{\mathrm{rel}_i}{\log_2^{i+1}} \tag{3.10}$$

其中，DCG 表示排序实体的相关度的一个加权和，其权重根据排序位置改变而改变。变量 i 表示机构的排名，rel_i 表示排在第 i 位置的机构的相关评分。

为了标准化 DCG 的值，NDCG@N 被定义为

$$\mathrm{NDCG}_n = \frac{\mathrm{DCG}_n}{\mathrm{IDCG}_n} \tag{3.11}$$

其中，NDCG 是一个理想的 DCG，该指标被认为能最好地反映排序结果。因此，NDCG 的范围介于 0~1。在本章，NDCG 表示每个机构的重要度。对于实验结果中没有出现的机构的名，其 NDCG 被赋值为 0。

3.5.2 性能分析

表 3.2 显示在 2015 年 FSE 会议上不同算法的预测性能。对于评价指标 NDCG5 来说，NN_1 和 NN_2 的预测效果最好，其值为 0.299 134。就 NDCG10 而言，SVM+NN_7 的预测效果好于其他预测方法，其值为 0.365 875。就 NDCG15 而言，SVM+NN_12 获得最好的预测效果，其值为 0.352 939。就 NDCG20 而言，SVM+NN_12 的预测效果要好于其他方法，其值为 0.482 657。由此可见，从整体上看，在 FSE 会议上，SVM+NN 模型要好于马尔可夫模型和神经网络模型。

表 3.2　在 FSE 会议上不同算法的 NDCG 值

模型	NDCG5	NDCG10	NDCG15	NDCG20
Markov	0.000 000	0.279 470	0.330 027	0.408 972
NN_1	0.299 134	0.334 885	0.311 092	0.395 805
NN_2	0.299 134	0.364 576	0.306 362	0.386 097
NN_3	0.000 000	0.268 955	0.260 190	0.400 213
NN_4	0.188 732	0.331 208	0.331 454	0.439 601
SVM+NN_1	0.000 000	0.140 923	0.303 517	0.444 893
SVM+NN_2	0.000 000	0.140 923	0.202 091	0.329 000
SVM+NN_3	0.000 000	0.140 923	0.209 844	0.378 272
SVM+NN_4	0.000 000	0.213 390	0.218 838	0.324 839
SVM+NN_5	0.133 171	0.355 325	0.298 588	0.330 032
SVM+NN_6	0.148 257	0.266 262	0.223 746	0.328 370
SVM+NN_7	0.148 257	0.365 875	0.307 453	0.378 612
SVM+NN_8	0.133 171	0.355 325	0.298 588	0.364 972
SVM+NN_9	0.133 171	0.284 816	0.239 338	0.343 246
SVM+NN_10	0.133 171	0.358 345	0.335 306	0.363 848
SVM+NN_11	0.133 171	0.358 345	0.301 126	0.373 837
SVM+NN_12	0.172 121	0.385 583	0.352 939	0.482 657
SVM+NN_13	0.000 000	0.125 964	0.186 104	0.323 172
SVM+NN_14	0.000 000	0.125 964	0.160 518	0.295 031
SVM+NN_15	0.000 000	0.125 820	0.105 730	0.294 998
SVM+NN_16	0.000 000	0.195 407	0.164 206	0.374 397

表 3.3 显示在 2015 年 ICML 会议上不同算法的预测性能。对于评价指标 NDCG5、NDCG10、NDCG15 和 NDCG20 来说，所有算法均高于 0.640 000，相比神经网络模型和马尔可夫模型，SVM_NN 模型能够获得更好的预测效果。就 ND-CG5 而言，SVM+NN_9 和 SVM+NN_14 的预测效果最好，其值为 0.900 277。就 NDCG10 而言，SVM+NN_8 的预测效果好于其他预测方法，其值为 0.855 935。就 NDCG15 而言，SVM+NN_8 获得最好的预测效果，其值为 0.846 744。就

NDCG20 而言，SVM+NN_8 的预测效果要好于其他方法，其值为 0.852 406。就 NDCG5 而言，马尔可夫模型的预测效果要好于神经网络模型的预测效果，其值为 0.840 150。就 NDCG10 而言，NN_3 的预测效果好于其他神经网络方法和马尔可夫方法，其值为 0.767 758。就 NDCG15 而言，马尔可夫模型的预测效果好于神经网络模型的预测效果，其值为 0.740 363。就 NDCG20 而言，NN_2 的预测效果要好于其他神经网络预测模型和马尔可夫模型，其值为 0.760 811。

表 3.3　在 ICML 会议上不同算法的 NDCG 值

模型	NDCG5	NDCG10	NDCG15	NDCG20
Markov	0.840 150	0.744 200	0.740 363	0.723 890
NN_1	0.649 246	0.742 030	0.672 217	0.729 842
NN_2	0.668 910	0.737 345	0.696 204	0.760 811
NN_3	0.790 825	0.767 758	0.695 178	0.698 505
NN_4	0.804 264	0.659 706	0.686 490	0.704 536
SVM+NN_1	0.730 757	0.737 964	0.732 488	0.803 201
SVM+NN_2	0.734 817	0.748 626	0.742 079	0.781 760
SVM+NN_3	0.740 992	0.763 895	0.754 853	0.780 549
SVM+NN_4	0.898 596	0.792 215	0.780 359	0.807 196
SVM+NN_5	0.863 897	0.844 409	0.836 800	0.844 850
SVM+NN_6	0.768 200	0.784 884	0.820 146	0.842 706
SVM+NN_7	0.873 069	0.835 505	0.829 119	0.818 364
SVM+NN_8	0.896 734	0.855 935	0.846 744	0.852 406
SVM+NN_9	0.900 277	0.801 892	0.832 111	0.839 183
SVM+NN_10	0.898 596	0.800 641	0.831 031	0.838 205
SVM+NN_11	0.898 596	0.844 779	0.832 417	0.816 754
SVM+NN_12	0.898 596	0.850 163	0.838 310	0.820 360
SVM+NN_13	0.734 817	0.747 007	0.739 520	0.779 823
SVM+NN_14	0.900 277	0.788 083	0.776 120	0.776 614
SVM+NN_15	0.886 838	0.774 055	0.764 483	0.798 349
SVM+NN_16	0.871 389	0.766 568	0.758 232	0.785 608

表 3.4 显示在 2015 年 KDD 会议上不同算法的预测性能。就 NDCG5 而言，NN_1 方法的预测效果要好于马尔可夫模型和 SVM+NN 模型，其值为 0.528 646。就评价指标 NDCG10、NDCG15 和 NDCG20 来说，SVM+NN 模型的预测效果要好于其他两类方法的预测效果。就评价指标 NDCG10 而言，SVM+NN_15 的预测效果好于其他预测方法，其值为 0.751 650。就 NDCG15 而言，SVM+NN_4 的预测效果好于其他预测方法，其值为 0.860 228。就 NDCG20 而言，SVM+NN_15 的预测效果要好于其他预测模型，其值为 0.810 887。

表 3.4　在 KDD 会议上不同算法的 NDCG 值

模型	NDCG5	NDCG10	NDCG15	NDCG20
Markov	0.424 590	0.682 452	0.777 207	0.749 662
NN_1	0.528 646	0.602 333	0.751 928	0.719 722
NN_2	0.397 423	0.655 358	0.756 734	0.742 346
NN_3	0.276 113	0.690 674	0.715 643	0.704 985
NN_4	0.515 250	0.578 572	0.776 219	0.732 848
SVM+NN_1	0.373 291	0.615 911	0.756 445	0.744 214
SVM+NN_2	0.507 038	0.721 203	0.812 881	0.776 142
SVM+NN_3	0.373 291	0.612 056	0.779 081	0.753 409
SVM+NN_4	0.507 038	0.751 650	0.860 228	0.810 610
SVM+NN_5	0.513 994	0.686 155	0.799 858	0.760 818
SVM+NN_6	0.362 387	0.634 723	0.785 558	0.747 915
SVM+NN_7	0.362 387	0.683 209	0.771 695	0.770 037
SVM+NN_8	0.362 387	0.680 705	0.793 742	0.766 980
SVM+NN_9	0.362 387	0.719 116	0.785 277	0.747 655
SVM+NN_10	0.362 387	0.730 245	0.802 867	0.766 403
SVM+NN_11	0.362 387	0.722 216	0.799 235	0.758 587
SVM+NN_12	0.362 387	0.722 216	0.773 488	0.770 885
SVM+NN_13	0.373 291	0.615 911	0.782 627	0.743 215
SVM+NN_14	0.517 942	0.729 788	0.809 646	0.791 396
SVM+NN_15	0.507 038	0.751 650	0.836 790	0.810 887
SVM+NN_16	0.305 789	0.591 064	0.734 515	0.719 206

表 3.5 显示在 2015 年 MM 会议上不同算法的预测性能。对于评价指标 NDCG5、NDCG10、NDCG15 和 NDCG20 来说，SVM_NN 的预测效果在整体上好于神经网络模型和马尔可夫模型的预测效果。就 NDCG5 而言，SVM+NN_10 的预测效果最好，其值为 0.580 603。就 NDCG10 而言，SVM+NN_13 的预测效果好于其他预测方法，其值为 0.640 924。就 NDCG15 而言，SVM+NN_13 获得最好的预测效果，其值为 0.623 232。就 NDCG20 而言，SVM+NN_13 的预测效果要好于其他方法，其值为 0.577 117。

表 3.5　在 MM 会议上不同算法的 NDCG 值

模型	NDCG5	NDCG10	NDCG15	NDCG20
Markov	0.308 932	0.291 924	0.315 561	0.307 628
NN_1	0.489 646	0.575 789	0.559 829	0.532 320
NN_2	0.489 646	0.491 407	0.569 577	0.530 473
NN_3	0.489 646	0.531 512	0.609 805	0.565 141
NN_4	0.489 646	0.492 260	0.550 289	0.526 007
SVM+NN_1	0.489 646	0.557 492	0.539 776	0.534 131
SVM+NN_2	0.489 646	0.547 926	0.614 733	0.548 340
SVM+NN_3	0.489 646	0.471 792	0.545 939	0.552 866
SVM+NN_4	0.489 646	0.471 792	0.560 318	0.556 520
SVM+NN_5	0.489 646	0.496 990	0.581 806	0.518 969
SVM+NN_6	0.489 646	0.486 995	0.524 325	0.521 848
SVM+NN_7	0.489 646	0.504 692	0.562 524	0.534 119
SVM+NN_8	0.489 646	0.494 403	0.533 868	0.501 369
SVM+NN_9	0.489 646	0.570 373	0.599 807	0.578 636
SVM+NN_10	0.580 603	0.554 841	0.598 072	0.555 448
SVM+NN_11	0.489 646	0.560 631	0.611 459	0.545 419
SVM+NN_12	0.489 646	0.482 139	0.528 438	0.528 284
SVM+NN_13	0.489 646	0.640 924	0.623 232	0.577 117
SVM+NN_14	0.489 646	0.566 275	0.620 398	0.553 393
SVM+NN_15	0.489 646	0.507 832	0.609 519	0.543 689
SVM+NN_16	0.489 646	0.471 792	0.582 123	0.519 252

表 3.6 显示在 2015 年 MOBICOM 会议上不同算法的预测性能。从整体上看，对于评价指标 NDCG5、NDCG10、NDCG15 和 NDCG20 来说，SVM_NN 的预测效果要好于神经网络模型和马尔可夫模型的预测效果。就 NDCG5 而言，SVM+NN_1 和 SVM+NN_14 的预测效果最好，其值为 0.770 304。就 NDCG10 而言，SVM+NN_4 的预测效果好于其他预测方法，其值为 0.851 128。就 NDCG15 而言，SVM+NN_13 获得最好的预测效果，其值为 0.853 035。就 NDCG20 而言，SVM+NN_12 的预测效果要好于其他方法，其值为 0.806 567。

表 3.6　在 MOBICOM 会议上不同算法的 NDCG 值

模型	NDCG5	NDCG10	NDCG15	NDCG20
Markov	0.084 120	0.408 242	0.439 432	0.440 299
NN_1	0.664 184	0.704 012	0.702 377	0.682 919
NN_2	0.647 070	0.720 369	0.743 279	0.727 052
NN_3	0.664 184	0.679 822	0.743 640	0.725 903
NN_4	0.664 184	0.730 223	0.747 731	0.707 723
SVM+NN_1	0.770 304	0.729 572	0.676 750	0.724 050
SVM+NN_2	0.663 985	0.737 506	0.745 557	0.732 284
SVM+NN_3	0.770 304	0.757 277	0.703 626	0.705 894
SVM+NN_4	0.759 486	0.851 128	0.838 379	0.797 520
SVM+NN_5	0.624 872	0.723 326	0.779 770	0.786 645
SVM+NN_6	0.438 837	0.600 872	0.623 535	0.678 202
SVM+NN_7	0.416 737	0.587 320	0.635 099	0.627 885
SVM+NN_8	0.540 751	0.767 979	0.804 637	0.787 512
SVM+NN_9	0.638 412	0.734 684	0.725 868	0.773 568
SVM+NN_10	0.638 412	0.793 043	0.804 347	0.802 308
SVM+NN_11	0.638 412	0.795 253	0.730 399	0.761 864
SVM+NN_12	0.663 985	0.750 781	0.832 023	0.806 567
SVM+NN_13	0.759 486	0.797 343	0.853 035	0.811 510
SVM+NN_14	0.770 304	0.820 220	0.804 147	0.803 039
SVM+NN_15	0.663 985	0.802 736	0.809 771	0.794 376
SVM+NN_16	0.663 985	0.772 909	0.803 350	0.758 304

表 3.7 显示在 2015 年 SIGCOMM 会议上不同算法的预测性能。对于评价指标 NDCG5、NDCG10、NDCG15 和 NDCG20 来说，SVM_NN 的预测效果在整体上好于神经网络模型和马尔可夫模型的预测效果。就 NDCG5 而言，马尔可夫模型、SVM+NN_5、SVM+NN_6、SVM+NN_7、SVM+NN_9 和 SVM+NN_10 的预测效果最好，其值为 0.710 132。就 NDCG10 而言，SVM+NN_16 的预测效果好于其他预测方法，其值为 0.778 16。就 NDCG15 而言，SVM+NN_13 获得最好的预测效果，其值为 0.812 584。就 NDCG20 而言，SVM+NN_4 的预测效果要好于其他方法，其值为 0.798 824。

表 3.7　在 SIGCOMM 会议上不同算法的 NDCG 值

模型	NDCG5	NDCG10	NDCG15	NDCG20
Markov	0.710 132	0.639 299	0.730 401	0.739 696
NN_1	0.682 091	0.698 734	0.798 440	0.758 399
NN_2	0.702 176	0.685 054	0.776 972	0.778 919
NN_3	0.677 348	0.772 594	0.754 955	0.768 170
NN_4	0.689 932	0.753 847	0.762 184	0.771 891
SVM+NN_1	0.677 348	0.745 815	0.768 524	0.767 221
SVM+NN_2	0.701 597	0.716 914	0.725 318	0.752 851
SVM+NN_3	0.682 091	0.748 880	0.789 325	0.769 378
SVM+NN_4	0.702 176	0.766 596	0.806 248	0.798 824
SVM+NN_5	0.710 132	0.720 992	0.801 146	0.784 088
SVM+NN_6	0.710 132	0.736 250	0.741 788	0.728 648
SVM+NN_7	0.710 132	0.768 395	0.766 603	0.773 980
SVM+NN_8	0.702 630	0.715 028	0.731 673	0.750 011
SVM+NN_9	0.710 132	0.693 309	0.765 848	0.770 969
SVM+NN_10	0.710 132	0.767 612	0.779 615	0.771 972
SVM+NN_11	0.702 630	0.719 197	0.704 063	0.764 785
SVM+NN_12	0.702 630	0.775 261	0.761 391	0.777 258
SVM+NN_13	0.702 176	0.713 044	0.812 584	0.791 268
SVM+NN_14	0.689 932	0.750 706	0.776 248	0.766 139
SVM+NN_15	0.654 991	0.713 645	0.738 558	0.743 560
SVM+NN_16	0.682 091	0.778 160	0.792 648	0.765 699

表 3.8 显示在 2015 年 SIGIR 会议上不同算法的预测性能。对于评价指标 NDCG5、NDCG10、NDCG15 和 NDCG20 来说，SVM_NN 的预测效果在整体上好于神经网络模型和马尔可夫模型的预测效果。就 NDCG5 而言，SVM + NN_4、SVM+NN_12、和 SVM+NN_15 的预测效果最好，其值为 0.774 014。就 NDCG10 而言，SVM+NN_2 的预测效果好于其他预测方法，其值为 0.781 204。就 NDCG15 而言，SVM+NN_2 获得最好的预测效果，其值为 0.773 593。就 NDCG20 而言，SVM+NN_12 的预测效果要好于其他方法，其值为 0.770 548。可见，所有预测算法中在评价指标 NDCG10 时取得最好的预测效果，其值为 0.781 204。

表 3.8　在 SIGIR 会议上不同算法的 NDCG 值

模型	NDCG5	NDCG10	NDCG15	NDCG20
Markov	0.709 085	0.618 020	0.696 362	0.706 341
NN_1	0.685 031	0.735 810	0.741 370	0.713 322
NN_2	0.580 438	0.594 833	0.662 908	0.661 290
NN_3	0.685 031	0.657 490	0.712 829	0.722 040
NN_4	0.685 031	0.687 729	0.768 531	0.734 856
SVM+NN_1	0.685 031	0.679 466	0.712 588	0.684 248
SVM+NN_2	0.685 031	0.781 204	0.773 593	0.759 797
SVM+NN_3	0.685 031	0.671 614	0.701 861	0.737 257
SVM+NN_4	0.774 014	0.666 160	0.759 215	0.742 406
SVM+NN_5	0.685 031	0.704 896	0.727 623	0.718 093
SVM+NN_6	0.685 031	0.703 375	0.702 647	0.673 416
SVM+NN_7	0.685 031	0.664 014	0.732 288	0.724 825
SVM+NN_8	0.685 031	0.647 857	0.716 591	0.727 314
SVM+NN_9	0.685 031	0.731 466	0.734 474	0.740 866
SVM+NN_10	0.685 031	0.737 099	0.710 038	0.684 103
SVM+NN_11	0.685 031	0.630 594	0.734 300	0.740 568
SVM+NN_12	0.774 014	0.707 064	0.672 038	0.770 548
SVM+NN_13	0.685 031	0.674 774	0.729 442	0.736 627
SVM+NN_14	0.685 031	0.739 160	0.714 380	0.711 355
SVM+NN_15	0.774 014	0.741 113	0.751 792	0.740 444
SVM+NN_16	0.685 031	0.671 614	0.690 272	0.726 236

表 3.9 显示在 2015 年 SIGMOD 会议上不同算法的预测性能。对于评价指标 NDCG5、NDCG10、NDCG15 和 NDCG20 来说，SVM_NN 的预测效果在整体上好于神经网络模型和马尔可夫模型的预测效果。就 NDCG5 而言，神经网络模型 NN_2 的预测效果最好，其值为 0.780 929。就 NDCG10 而言，SVM+NN_6 的预测效果好于其他预测方法，其值为 0.793 377。就 NDCG15 而言，SVM+NN_13 获得最好的预测效果，其值为 0.819 009。就 NDCG20 而言，SVM+NN_9 的预测效果要好于其他方法，其值为 0.780 112。

表 3.9　在 SIGMOD 会议上不同算法的 NDCG 值

模型	NDCG5	NDCG10	NDCG15	NDCG20
Markov	0.452 637	0.383 072	0.477 616	0.556 481
NN_1	0.484 284	0.550 125	0.653 724	0.700 586
NN_2	0.780 929	0.688 844	0.772 492	0.744 876
NN_3	0.574 513	0.687 300	0.685 774	0.701 767
NN_4	0.445 340	0.506 473	0.596 629	0.649 783
SVM+NN_1	0.643 330	0.671 716	0.728 979	0.754 209
SVM+NN_2	0.608 431	0.771 093	0.759 192	0.731 050
SVM+NN_3	0.682 957	0.621 471	0.711 655	0.729 813
SVM+NN_4	0.647 450	0.670 741	0.707 657	0.724 662
SVM+NN_5	0.643 330	0.732 944	0.712 990	0.710 839
SVM+NN_6	0.643 330	0.793 377	0.762 071	0.754 995
SVM+NN_7	0.671 272	0.608 601	0.646 317	0.705 317
SVM+NN_8	0.686 792	0.738 181	0.704 405	0.723 878
SVM+NN_9	0.643 330	0.765 708	0.745 052	0.780 112
SVM+NN_10	0.658 851	0.682 417	0.684 044	0.713 910
SVM+NN_11	0.671 272	0.784 681	0.745 123	0.697 871
SVM+NN_12	0.671 272	0.695 351	0.786 653	0.761 382
SVM+NN_13	0.602 244	0.700 657	0.819 009	0.779 876
SVM+NN_14	0.566 737	0.704 455	0.744 288	0.762 455
SVM+NN_15	0.647 450	0.590 558	0.690 417	0.723 752
SVM+NN_16	0.647 450	0.664 351	0.731 643	0.710 359

3.6　小结

针对 KDD CUP 2016 竞赛预测机构影响力这一目标，本章提出了三个基于机器学习的多特征的预测模型，如马尔可夫模型、神经网络模型和基于支持向量机和神经网络的模型。在三类模型中，主要使用的特征包括机构历史的评分、时间信息和空间信息。

实验结果表明 SVM+NN 类模型的预测性能总体上好于马尔可夫模型和神经网络模型。在实验中，我们发现有两个有趣的现象：（1）给定相同的预测方法，不同的会议数据，可能得到不同的预测效果。例如，就 SVM+NN_16 预测模型，在 ICML 顶级学术会议上，其 NDCG5 的值要高于 KDD 会议的值。这表明，模型的预测力与实验数据紧密相关。（2）在一定程度上，时间加权和国家加权能够提升模型的预测力，但是，提升的幅度和实验数据紧密相关。例如，对于 ICML 顶级学术会议而言，SVM+NN 模型的 NDCG 的值要高于 KDD 会议的值。这表明，不同算法的预测力与实验数据是相关的。

本章内容在研究中存在两个主要的弊端：（1）由于是针对 KDD CUP 2016 竞赛而开展的工作，实验数据只用到八个顶级学术会议的数据，所以没有考虑其他会议或者是其他期刊上署名的机构。（2）在目前的模型中，可能有些重要的特征没有被考虑，如会议论文在以往主题分布的趋势、作者的影响力、合作者影响力以及其他与机构影响力相关的信息。在未来，我们可以进一步探索，不同学科的机构影响力的预测。此外，我们提出的方法也可以用于其他领域的预测任务，如交通、经济和天气领域。

注：本章研究成果发表在 2018 年的 *IEEE ACCESS* 期刊上，题目为 *Predicting the Number of Publications of for Scholarly Networks*。

参考文献

[1]XIA F,YANG L T,WANG L,et al. Internet of Things[J]. International Journal of Communication Systems,2012,25(9):1101-1102.

[2]LIU X,XIAO B,LI K,et al. RFID Estimation with Blocker Tags[J]. IEEE/ACM Transactions on Networking,2017,25(1):224-237.

[3]QIU T,ZHAO A,XIA F,et al. ROSE:Robustness Strategy for Scale-Free Wireless Sensor Networks[J]. IEEE/ACM Transactions on Networking,2017,25(5):2944-2959.

[4]BENSMAN S J. The evaluation of research by scientometric indicators[J]. Journal of the American Society for Information Science & Technology,2014,62(1):208-210.

[5]VINKLER P. The evaluation of research by scientometric indicators[M]. Elsevier,2010.

[6]KUAN C H,HUANG M H,CHEN D Z. A two-dimensional approach to performance evaluation for a large number of research institutions[J]. Journal of the Association for Information Science & Technology,2012,63(4):817-828.

[7]BORNMANN L,STEFANER M,FELIX D,et al. Ranking and mapping of universities and research-focused institutions worldwide based on highly-cited papers A visualisation of results from multi-level models[J]. Online Information Review,2014,38(1):43-58.

[8]MYERS N,SNOW N,SUMMERS S L,et al. Accounting Institution Citation-Based Research Rankings by Topical Area and Methodology.[J]. Journal of Information Systems,2016,30(3):33-62.

[9]ABRAMO G,D'ANGELO C A. Ranking research institutions by the number of highly-cited articles per scientist[J]. Journal of Informetrics,2015,9(4):915-923.

[10]JARROW R A,TURNBULL L. A Markov Model for the Term Structure of Credit Risk Spreads[J]. Review of Financial Studies,1997,10(2):481-523.

[11]KASIVISWANATHAN K S,SUDHEER K P,HE J. Quantification of Prediction Uncertainty in Artificial Neural Network Models[M]. Springer,2016.

[12]HEARST M A,DUMAIS S T,OSMAN E,et al. Support vector machines[J]. IEEE Intelligent Systems & Their Applications,1998,13(4):18-28.

[13]HIRSCH J E. An index to quantify an individual's scientific research output[J]. Proceedings of the National Academy of ences of the United States of America,2005,102(46):16569-16572.

[14]EGGHE L. Theory and practise of the g-index[J]. Scientometrics,2006,69(1):131-152.

[15]SCHREIBER M. A variant of the h-index to measure recent performance[J]. Journal of the Association for Information Science & Technology,2015,66(11):2373-2380.

[16]GARFIELD E,SHER I H. new factors in the evaluation of scientific literature through citation indexing[J]. American Documentation,1963,14(3):195-201.

[17]BERGSTROM C T,WEST J D,WISEMAN M A. The Eigenfactor metrics.[J]. Journal of

Neuroscience,2008,28(45):11433-11434.

[18]WANG Y,TONG Y,ZENG M. Proceedings of the 27th AAAI Conference on Artificial Intelli-gence,July 14-18,2013[C],The Netherlands:AAAI Press,2013.

[19]CAO X,YAN C,LIU K. A data analytic approach to quantifying scientific impact[J]. Journal of Informetrics,2016,10(2):471-484.

[20]STEGEHUIS C,LITVAK N,WALTMAN L. Predicting the long-term citation impact of recent publications[J]. Journal of Informetrics,2015,9(3):642-657.

[21]CHAKRABORTY T,KUMAR S,GOYAL P,et al. Proceedings of ACM/IEEE Joint Confer-ence on Digital Libraries (JCDL)[C],ACM,2014.

[22]WANG D,SONG C,BARABÁSI A L. Quantifying long-term scientific impact [J]. Science,2013,342 (6154):127-132.

[23]XIAO S,YAN J,LI C,et al. Proceedings of the Twenty-Fifth International Joint Conference on Artificial Intelligence (IJCAI-16),July 9-15,2016[C]. IJCAI,2016.

[24]SARIGL E,PFITZNER R,SCHOLTES I,et al. Predicting Scientific Success Based on Coau-thorship Networks[J]. EPJ Data Science,2014,3(1):9.

[25]PENNER O,PAN R,PETERSEN A,et al. On the Predictability of Future Impact in Science [J]. Scientific Reports,2013,3(10):3052.

[26]DONG Y,JOHNSON R A,CHAWLA N V. Proceedings of the Eighth ACM International Con-ference on Web Search and Data Mining[C]. ACM,2015.

[27]DONG Y,REID A,NITESH V C. Can Scientific Impact Be Predicted? [J]. IEEE Transac-tions on Big Data,2016,2(1):18-30.

[28]MCCARTY C,JAWITZ J W,HOPKINS A,et al. Predicting author h-index using characteris-tics of the co-author network[J]. Scientometrics,2013,96(2):467-483.

[29]ALFONSO I,LARRAAGA P,BIELZA C. Proceedings of 11th International Conference on In-telligent Systems Design and Applications (ISDA). November 22-25,2011[C]. IEEE,2011.

[30]PANAGOPOULOS G,TSATSARONIS G,VARLAMIS I. Detecting rising stars in dynamic collaborative networks[J]. Journal of Informetrics,2017,11(1):198-222.

[31]DAUD A,ALJOHANI N,ABBASI R,et al. Proceedings of the 26th International Conference on World Wide Web Companion,April 3-7,2017[C]. ACM,2017.

第 4 章　学术论文推荐：综述

本章综述学术论文推荐方法。首先介绍论文推荐系统的重要性和优势；其次，综述论文推荐的算法和方法，如基于内容的推荐方法、基于协同过滤的推荐方法、基于图的推荐方法以及基于混合技术的推荐方法。接下来，介绍推荐方法的评估方法。最后，总结在学术论文推荐系统中开放的问题，如冷启动、稀疏性、可扩展性、隐私、偶然性和统一的学术标准。本章目的是为加深新进学术论文推荐领域的学者对该领域的理解，能全面掌握在该领域上的进展工作。

4.1　引言

推荐已经深入到人们的日常活动中，如网站购物推荐商品、根据兴趣偏好推荐的电影以及乘车路线推荐，等等。由于推荐技术的发展，给人们的生活带来了翻天覆地的变化，提高了人们生活的质量。推荐系统不仅在经济领域中有重要应用，而且在其他领域如教育和科学研究领域中也有大量重要的应用[1-4]。信息技术的快速发展使得数字信息在量上也呈现快速增长趋势[5-6]。像谷歌和必应这样的搜索引擎利用大数据分析技术帮助人们完成快速的搜索，找到目标如喜欢的电影、喜欢的音乐以及想要阅读的论文等[7-9]。此外，还有一些研究者通过免费和收费的社交平台分享他们的研究成果和发现[10]。由于信息技术的发展，数字信息猛增，在给人们带来方便的同时，也带来了具体的实际问题，如在浩瀚如烟的数据海洋中，如何找到自己真正想要的数据？由于信息过载给检索信息带来了非常大的麻烦[11]，研究者需要进一步探索推荐技术以满足人们的生活需求。推荐系统就是在这样的背景下应运而生，其目的是帮助人们快速实现检索任务如推荐医院、推荐医生、推荐电影，等等[12-17]。在学术社群，推荐系统也是非常重要的存在，该系统能够帮助研究者快速地找到相关的论文。例如，对于一名新进某一领域研究人员，由于对该领域知之甚少，相关的有影响力的论文、有影响力的学者、有影响力的期刊以及有影响力的研究机构基本处于未知状态，在这种情况下，如果有一个学术推荐系统，给他或她推荐相关的有影响力的论文、学者、期刊以及机构等，那么该研究者的研究势必能够快速开展，减少搜索时间上的浪费。在过去的研究中，检索相关的论文需要大量的时间，而且有些检索到的觉得相关的论文，可能在实际研究中没有起到任何作用。相反地，对于某个研究领域中资深研究者，他们由于对该领域的研究有深入的了解，他们明确知道在该领域中哪个团队做得好，哪个研究者做得好，这样推荐系统可以推荐他们感兴趣的论文即可[18]。

学术论文推荐主要是指在学术社群中为研究者推荐其研究相关的论文。推荐系统通过大数据分析技术过滤到某些论文而保留研究者相关的论文，并给研究者提供一个论文推荐的列表，供研究者进一步查找感兴趣的相关论文[19]。目前，论文推荐系统已经成为学术领域中非常有帮助的工具，而且论文推荐算法不断推陈出新，目的是不断改进推荐算法的准确性。相比传统的基于关键词的搜索技术，现在的搜索技术更适合大量的数据搜索，而且更具有个性化和有效性[20-23]。传统的基于关键词的搜索有一定的弊端，如检索结果不仅数据量大而且不相关的数据量也非常大[24]。研究者不得不再进行过滤，以找到自己想要的检索信息。此外，基于关键词的搜索还存在这样的弊端，如不同的研究者当输入相同的关键词时，检索的结果基本上是相同的，即该检索没有考虑研究者的兴趣偏好以及他们的目的。又由于研究者没有很好地总结自己的检索关键词，造成检索内容不是自己想要的内容。与其相比而言，论文推荐系统能够考虑研究者的兴趣、合作者关系以及引用关系等去设计推荐算法，目的是提供给研究者一个适当的论文推荐列表。需要说明的是，有些研究者在不同的研究领域中均有研究工作，由于研究者在不同学科有不同的研究兴趣，所以针对不同学科，推荐给该研究者的论文列表也是不同的。这很好地反映了推荐系统的个性化以及有效性。

推荐系统的优劣，主要由推荐算法决定[25-26]。目前，推荐技术主要被分为以下四类：基于内容的过滤方法（Content-Based Filtering, CBF）、基于协同过滤的方法（Collaborative Filtering, CF）、基于图的方法（Graph - Based method,

GB），以及以上技术混合的方法。在推荐学术论文方面，每种推荐方法都有其自身的优势[27]。基于内容的过滤方法主要考虑用户历史的偏好，并结合个人兴趣图书馆建立用户兴趣模型。基于用户兴趣图书馆，计算用户兴趣偏好和候选论文的关键词之间的相似性。根据二者相似性的结果，相似高的论文将被推荐给用户。基于协同过滤的方法主要依赖于相似用户的项目的评级[28]。用户在过去和未来可能有相同的兴趣。基于图的方法主要是在作者和论文之间构建图，论文和作者被看作图中的节点，而论文和作者之间的关系被看作边。然后，利用随机游走算法或其他算法计算用户和论文之间的相关度，按照相关度进行推荐论文[29]。基于混合的推荐方法一般是利用基于内容的过滤方法和基于协同过滤的方法来产生推荐的列表。基于混合技术的推荐系统，可能带来更好的推荐效果。除了以上提及的论文推荐方法，还有一些其他的论文推荐技术，如潜在的因素模型[30] 和主题回归矩阵分解模型[31]。

图 4.1 显示本章论文推荐的主要内容，包括推荐方法、评价指标和挑战性的问题。

本章的主要贡献包括以下三点：

（1）分类论文推荐的方法。

（2）深度分析论文推荐系统的评估方法。

（3）总结论文推荐系统中存在的挑战性的问题。

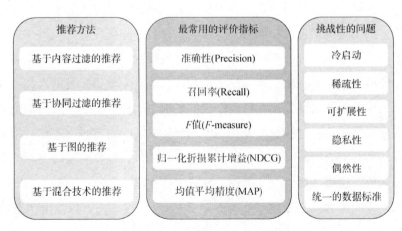

图 4.1 论文推荐的主要内容

4.2　论文推荐方法

本节介绍论文推荐方法（基于内容的推荐、基于协同过滤的推荐、基于图的推荐以及基于混合技术的推荐方法）的原理、优缺点，以及方法的具体应用。

4.2.1　基于内容过滤的推荐方法

类似于传统的推荐方法，基于内容过滤的推荐方法的原理是非常简单的。基于内容过滤的推荐方法推荐的项目与用户感兴趣的项目相似[32]。在用户和项目之间进行匹配是非常重要的过程。在论文推荐系统中，项目就是数字图书馆中的学术论文，用户就是研究者。在基于内容过滤的推荐方法中，首先收集某个研究者的论文，然后，再收集引用该研究者的论文和其他的信息，目的是建立该用户的个人画像。有许多方法可以建立用户的画像，比如抽取研究者研究兴趣的关键词，论文的题目、摘要，以及论文中部分内容来表示该研究者发表的论文。从候选论文中找和该研究者类似的论文，进而推荐给该研究者。

基于内容过滤的推荐方法在给研究者推荐论文时，有如下优势，能够发现与研究者兴趣一致的论文，相比基于关键词的搜索引擎，基于内容过滤的方法更倾向于推荐和研究者目前兴趣相关的论文。图 4.2 显示基于内容的论文推荐系统的一般推荐过程，主要包括以下几个方面：项目表示、兴趣学习以及推荐的论文。

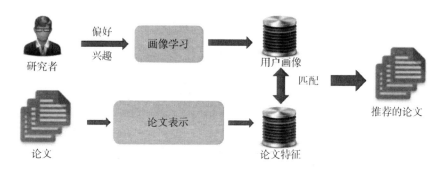

图 4.2　基于内容的学术论文推荐

项目表示。在实际的具体应用中，项目需要给定一些属性来进行区分。这些属性主要可分为两类：结构化的属性和非结构化的属性。对于结构化的属性而言，属性值是有限的和特定的。对于非结构化的属性而言，属性值通常是不明确的。由于非结构化的属性值是无限的，所以不能直接进行分析。以约会网站为例，身高、年龄、教育经历、出身等是结构化属性，而博客内容等是非结构化属性。在论文推荐领域，论文的结构看起来很相似，但是论文的内容是无限的，而且每个作者都有自己的写作风格。为了表示这些论文并计算论文之间的相似性，需要将论文的内容转换成结构化的内容。目前，项目表示代表性的方法有 TF-IDF 模型、关键词抽取模型、语言模型等[33-34]。

TF-IDF 模型经常被用于信息检索和文本挖掘模型。TF-IDF 的值主要用于评价语料库中词相对于文档的重要度。TF-IDF 模型的核心思想主要包含两个方面。一方面，某个关键词在某篇文章中出现的次数越多，则表明，对于该文章而言，该关键词的重要度越高。另一方面，如果某个关键词在不同的文章中，出现的频次都非常高，则表明，该关键词将被赋予较少的重要度。其公式被定义如下：

$$W_{t_k}^{p_{\text{rec}}} = \frac{\text{tf}(t_k, p_{\text{rec}})}{\sum_{s=0}^{m} tf(t_s, p_{\text{rec}})} \times \log \frac{N}{\text{df}(t_k)} \tag{4.1}$$

其中，$\text{tf}(t_k, p_{\text{rec}})$ 表示关键词 t_k 在论文 p 中的词频。N 表示语料库中论文的数量，$\text{df}(t_k)$ 表示论文中关键词出现的频次。

基于内容的过滤方法使用 TF-IDF 模型计算每篇论文的特征向量 f^{Prec}[27] 307。这些向量用于表示一篇论文与研究者查询的相关度[35]。其公式如下：

$$f^{\text{Prec}} = (W_{t_1}^{p_{\text{rec}}}, W_{t_2}^{p_{\text{rec}}}, \cdots, W_{t_m}^{p_{\text{rec}}}) \tag{4.2}$$

其中，m 表示论文中关键词的数量；t_k 表示每个关键词，每篇论文用两个向量来区分查询。此外，主题模型和基于概念的主题模型也被用于计算相似性，以满足研究者特别阅读的目的[36]。

除了 TF-IDF 模型，一个关键词抽取模型也被用于论文推荐系统，该关键词列表是一个非常短的关键词列表，该列表反映一篇论文的内容[37-38]。在该模型中，论文题目、论文摘要以及关键词由不同的向量来表示，关键词向量是从论文的关键词中抽取而来[39]，能够表现论文核心思想的词汇。

画像学习。基于内容的推荐方法假定研究者喜欢某些方面的论文和不喜欢某些方面的论文，这些主要通过他们的兴趣来进行划分。画像学习的目的是产生研究者兴趣的画像。推荐系统根据研究者的研究兴趣，推荐其感兴趣的论文。研究者画像依赖于研究者输入的信息。已有的研究方法中有使用 LDA 模型来建立用户的画像。

基于词袋的信息系统使用用户偏好爬虫（User Preference Crawler）来爬取用户偏好信息。用户的画像由用户发表的论文以及用户的标签构成[41]。相似地，标签以及给研究者贴了标签的文档的集合能够被用于构建用户画像，当然，这里要借助关键词抽取技术[42]。

为了实现个性化的论文推荐，特征向量 $f^{P^{rec}}$ 被定义，该定义方法与公式（4.2）相同：

$$f^p = (W^p_{t_1}, W^p_{t_2}, \cdots, W^p_{t_m}) \tag{4.3}$$

其中，m 表示关键词的数量，$W^p_{t_k}, k \in \{1, \cdots, m\}$ 被定义如下：

$$W^p_{t_k} = \frac{\mathrm{tf}(t_k, p)}{\sum_{s=0}^{m} \mathrm{tf}(t_s, p)} \tag{4.4}$$

其中，$\mathrm{tf}(t_k, p)$ 表示在论文 p 中，关键词 t_k 的频次。在得到论文特征向量后，用户画像被分为两类：初级研究者和高级研究者。对于仅发表一篇论文的初级研究者，用户画像的构建考虑引用该篇论文的论文。对于发表了多篇论文的高级研究者，用户画像的构建考虑引用论文和其文献的列表。该方法根据初级研究者和高级研究者的特点进行推荐。

上述介绍的画像学习技术依赖于研究者的历史记录。在一些推荐系统中，研究者的论文通常被用于创建用户的画像[43-44]。此外，论文的题目、简介、相关的工作、结论以及文献等也用于创建用户的画像。摘要通常被划分为两部分，问题描述部分和问题解决部分，其目的是方便系统从这两个方面进行论文推荐。

此外，也有一些其他形式来表示用户画像。思维导图文献管理工具 Docear 是一个推荐系统，该系统利用脑图的特征进行信息管理[45]。Docear 的用户组织他们的数据类似于树的结构，他们利用用户的脑图特征匹配数字图书馆中的论文信息。Docear 推荐系统将数据存储成 XML 格式，包括领域、主题以及关键词等[46-47]。

推荐论文。候选论文的表示和研究者的画像被用来选择用户查询的相关的前 N 篇论文。研究者画像和候选论文的相关度主要通过相似性来度量，如 *cosine* 相似性。其相似性公式如下：

$$\text{Similarity} = \cos(\theta) = \frac{A \cdot B}{\parallel A \parallel \cdot \parallel B \parallel} \qquad (4.5)$$

论文推荐主要使用用户向量和候选论文向量，其相似性可由公式（4.5）计算。

现有的研究中，不仅给研究者提供相关的论文，而且也提供来自其他领域的珍贵的论文推荐[27] 307。这种推荐对于研究者发现新的想法、新的方法以及新的思考方式是非常有帮助的。当用户画像和候选论文相似性计算完后，一列推荐的论文列表就产生了。最后，将排在前 N 篇的论文就被推荐给研究者[48]。

通过以上的方法，研究者能够利用推荐系统找到他们感兴趣的论文。但是，基于内容的推荐方法目前还存在一些弊端，一方面，基于内容的论文推荐方法，没有考虑推荐论文的质量，仅仅是基于词的分析；另一方面，就是新用户问题。对于新进研究者，他们没有研究经历，所以没有具体的用户画像，所以，推荐的论文列表可能是不准确的[49]。

4.2.2　基于协同过滤的推荐方法

和基于内容过滤的推荐方法类似，基于协同过滤的推荐方法需要了解用户的兴趣爱好，基于此，给用户推荐相关的研究论文，该方法是非常有效的推荐方法[50]。协同过滤推荐方法的基本思想是对于某些共同的项目，用户 A 和用户 B 的评级如果相同，认为两个用户具有相同的兴趣。如果用户 B 的记录中有些项目不在用户 A 的记录中，那么这些项目就被推荐给用户 A。换句话说，协同过滤推荐方法推荐的项目是来自相似用户的推荐[51]。关于某些项目的评级可以通过某些文献管理网站如科研社交网站(CiteULike)或者通过填写调查报告[52]。

协同过滤推荐方法主要考虑类似的用户的历史的评级，而进行相关性推荐。因此，协同过滤推荐系统需要一个用户–项目矩阵来表示用户的评级。用户的评级能被用于表示用户的兴趣。在构建用户–项目矩阵之后，推荐系统将就按用户和相似用户之间的相似度，进而进行推荐。表 4.1 显示用户–项目矩阵。在矩阵中元素表示项目的评级，该矩阵中，评级只有 0 和 1，该评级仅表示用户不喜欢某个项目或者是喜欢某个项目。协同过滤推荐系统的过程，如图 4.3 所示。

表 4.1　用户–项目矩阵

	Item1	Item2	Item3	Item4	⋯	Item$X$
User1	0	1	0	1	⋯	1
User2	1	1	0	0	⋯	0
User3	1	0	1	1	⋯	0
User4	1	0	1	1	⋯	0
⋮	⋮	⋮	⋮	⋮	⋮	⋮
User$Y$	1	0	0	1	⋯	1

相比基于内容过滤的推荐方法，基于协同过滤的推荐方法存在的问题：推荐的内容没有被考虑，由于推荐方法主要依赖于用户的评价。推荐给用户的论文可能与用户当前研究不相关，因为这个相似性主要是指用户之间的相似性。目前，基于协同过滤的推荐方法包括以下两类[53]：

（1）基于用户的推荐方法：用户是基于用户的推荐方法的核心。推荐系统主要根据其他相似用户进行推荐[54]。基于用户的协同过滤方法根据相似用户的兴趣，进而推荐给研究者相关的论文。在该系统中，用户被分成几组。在相同组内，用户分享相同的或相似的兴趣。基于在同一组内的评级，给用户进行相应的推荐。

（2）基于项目的推荐方法：基于项目的推荐方法主要集中在论文之间的关系而不是用户[55-56]。基于项目的推荐方法存在一个重要的假设，即假设用户的兴趣始终一致或在未来有微小的变化。如果用户已经被给一些积极的评级，那么推荐系统能够根据这些评级来收集候选的项目，这样，推荐系统将通过将相似的项目聚类，从而进行项目推荐。

根据用户不同的需求，以上提及的推荐技术能够用于收集必要的数据以及推荐的论文。来自 CiteULike 的元数据可以用于运行协同过滤推荐算法。这些元数

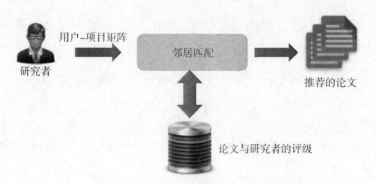

图 4.3　基于协同过滤的论文推荐系统

据包括用户和他们的标签数据[57]。协同过滤推荐算法是非常经典的算法，而且该算法也容易实现。在基于用户过滤方法中，目标用户与收集的数据进行匹配，目的是找到有相似数据的用户。一旦发现有相似数据的用户，那么这些具有相似数据用户的历史偏好将被考虑作为推荐的目标推荐给目标用户。基于项目的推荐方法中，推荐系统将论文与目标用户的历史记录进行匹配。对于基于用户的协同过滤方法，用户之间的相似性由他们共同项目的评级来计算[58]，具体公式如下：

$$
\text{Sim}(u,n) = \frac{\sum_{i \subset \text{CR}_{u,n}} (r_{ui} - \overline{r}_u)(r_{ni} - \overline{r}_n)}{\sqrt{\sum_{i \subset \text{CR}_{u,n}} (r_{ui} - \overline{r}_u)^2} \sqrt{\sum_{i \subset \text{CR}_{u,n}} (r_{ni} - \overline{r}_n)^2}} \tag{4.6}
$$

其中，r 表示评级；u 表示目标用户；n 表示相似用户；r_{ui} 表示对于项目 i，目标用户 u 的评级；r_{ni} 表示对于项目 i，相似用的评级；$\overline{r}_u$ 表示用户 u 全部项目的平均评级；$\overline{r}_n$ 表示相似用户 n 全部项目的平均评级。$\text{CR}_{u,n}$ 表示用户 u 和用户 n 共同的项目集合。相似用户的论文被推荐给目标用户。社交关系也用于发现相似用户。在找到相似用户的前提下，接下来就是预测目标用户 u 在项目 i 上的评级。预测公式如下：

$$
\text{pred}(u,i) = \overline{r}_u + \frac{\sum_{n \subset \text{neigh}(u)} \text{sim}(u,n) \cdot (r_{ni} - \overline{n})}{\sum_{n \subset \text{neigh}(u)} \text{sim}(u,n)} \tag{4.7}
$$

在协同过滤推荐系统中，给定一个用户-项目矩阵，矩阵分解模型扮演着重要的作用。矩阵分解模型主要用于预测候选论文的评级。

基于用户的协同过滤算法主要在社交标签系统中推荐论文。研究者发现基于协同过滤的方法主要分为两步：第一步是发现目标用户相似的用户，第二步是向用户推荐前 N 篇论文。为了提升推荐的质量，这两步也被改进[59]。改进后的第一步是基于 *BM*25 的相似性来获得和目标用户相似的用户[60]，改进后的第二步是基于 Neighbor-weighted Collaborative Filtering（NwCF）方法预测目标用户的评级。该方法预测评级的计算公式如下：

$$\mathrm{pred}'(u,i) = \lg(1 + \mathrm{nbr}(i)\,\mathrm{pred}(u,i)) \tag{4.8}$$

其中，$\mathrm{nbr}(i)$ 表示评级的数量。此外，学术论文能够被推荐通过学术关系如朋友关系、用户的画像、组画像等[61]。有一个方法利用用户画像以及学术关系等来推荐相关的学术论文[62]。

与基于用户协同过滤推荐方法相似，基于项目的协同过滤方法也包括两个步骤：第一步相似性计算，第二步预测[63]。相似性计算是指计算 cosine 相似性，目标用户的项目评级被用于发现候选项目的相似项目。预测主要是指在获得相似项目之后，通过计算相似项目的评级来获得预测的项目。

基于协同过滤的推荐方法也有其自身的弊端，如冷启动问题。对于新项目，没有评级，直到这个新项目有评级之后，才能被推荐。对于有非常少评级的新用户，该用户的评级历史可能是空的，推荐系统不能找到相似的用户去推荐。只有当该用户有足够的评级之后，推荐系统才能为其推荐。为了弥补协同过滤方法的不足，研究者也探索其他推荐技术如基于图的推荐方法和基于混合技术的推荐方法。

4.2.3 基于图的推荐方法

基于图的推荐方法最主要的是构造图，如构造引用网络、社交网络以及其他网络等，其中论文、作者、期刊等实体可看作图中节点，论文与作者之间关系、论文之间的关系、论文与期刊之间的关系等可看作图中连接节点的边。基于此，推荐系统能够利用算法如随机游走发现研究者相关的论文推荐给研究者。基于图的推荐方法的优点在于可以使用不同的源信息进行推荐，而基于内容的过滤推荐和协同过滤推荐知识使用一种或两种信息。由于基于图的论文推荐方法，在算法中添加了真实的学术关系，从而改进了算法的推荐效果。

　　基于图的论文推荐模型中，首先需要收集关于研究者和论文的数据。其次，推荐系统视同一个异构图 $G(V,E)$ 表示研究者和论文。其中 $V=V_u \cup V_p$，V_u 表示推荐系统中研究者，而 V_p 表示推荐系统中由研究者发表的论文的集合。对于一对元组 (U,P)，在图上存在一条边 $E(V_u,V_p)$，且 $v_u \in V_U$，$v_p \in V_P$。一个简单的基于图的论文推荐算法如图4.4所示，在研究者和论文之间建立了关系，边表示研究者发表的论文。此外，在论文推荐模型中，也有将论文推荐活动转换成图的搜索任务来实现推荐[64]。

　　在图4.4中，A、B、C、D 表示推荐系统中的研究者，a、b、c、d、e 表示这些研究者出版的论文。左边部分表示我们收集的研究者和论文，右边部分表示研究者和论文的图关系，如作者 A 发表了三篇学术论文分别为 a、b、d；作者 B 发表了两篇学术论文，分别为 b、e。在构造完研究者和其发表论文之间关系的基础上，推荐系统计算研究者发表的论文与语料库中论文的相关度，研究者与语料库中研究者的相关度，进而推荐相关的论文[65]。

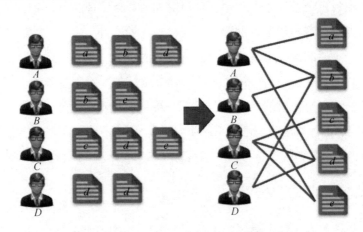

图4.4　一个简单的基于图的论文推荐模型

　　基于图的论文推荐系统主要由两部分组成：构建图和推荐论文。图构建的数据主要来源于开放的学术数据如 APS 数据集、DBLP 数据集以及 Web of Science 数据集等。

　　基于图的论文推荐系统中，构建的图包括同构的图和异构的图，同构图中最常见的是论文引用网络构成的图。异构图包括论文–作者网络、论文–期刊网络、论文-会议网络等构成的图。异构图（Bi-Relational Graph，BG）被用于推荐学术论文[66]。BG 图包括论文相似子图、研究者相似子图和一个连接研究者和论文的二分图。异构图至少包括两种顶点，如研究者和论文。同构图中最有代表性的就是引用图，引用图中论文为顶点，论文之间的引用关系为边。利用引用图推荐学术论文的核心思想是：如果两篇论文有共同的参考文献，那么这两篇论文被认为是相似的[67]。此外，基于引用图的推荐系统也有一些其他的工作[68]。

除了单独使用引用图来推荐学术论文的模型，还有利用引用图和基于内容的算法，进行推荐学术论文[69]。除了引用关系外，论文推荐系统中也使用合作者关系的推荐学术论文。该推荐算法中构建的学术网络为引用合作网络，在该网络中包含三类关系：引用关系、合作关系和作者-论文关系[70]。除了以上的学术图类型，还有一些其他图也被用于学术论文推荐，如概念图和 hub-authority 图等[71-72]。

基于图的论文推荐方法通常不考虑论文内容和研究者的画像，原因在于他们不适合作为图节点。基于图的论文推荐方法主要是根据图的结构进行学术论文的推荐。随机游走经常被用于排序学术论文。传统随机游走的基本原理是使用随机游走进行遍历包含一系列顶点的图，从一个源点出发，随机地选择一个邻居节点，移动到邻居节点上，然后把当前节点作为出发点，再随机地选择一个邻居节点，重复以上过程[73]。

此外，交叉领域推荐系统有时候也会用到随机游走模型，该模型主要用于寻找和目标用户相似的用户[74]。在这个研究中，研究者首先利用社交关系建立了一个用户之间的网络，在这个模型中存在这样一个假设，假设目标用户的兴趣爱好和他们朋友的兴趣爱好类似。之后，推荐系统根据相似用的评级来预测目标用户需要的项目。最后，一个推荐给用户的推荐列表就产生了。交叉领域的推荐系统通过在源领域和目标领域之间的关系，弱化了冷启动和稀疏性问题，从而提升了推荐的效果[75]。PageRank 算法也常常被用于推荐系统，主要是用于计算论文之间的相关度[76-79]。

4.2.4　基于混合技术的推荐方法

为了改进推荐结果的准确性，一些推荐系统混合两种或多种推荐技术以求获得更具个性化和更好的推荐效果[80]。一个混合的推荐系统，如图 4.5 所示。

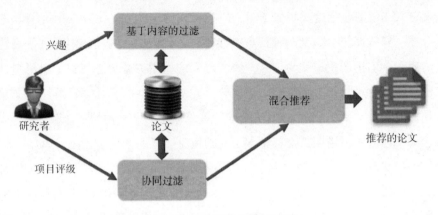

图 4.5　一个混合的推荐系统

基于内容+基于协同过滤的推荐方法。基于内容过滤推荐方法和基于协同过滤的推荐方法都有其各自的优缺点。已有的研究中，尝试混合这两种方法，目的是克服稀疏性问题，以提高推荐的准确性[81-82]。

基于内容的推荐技术建立研究者的画像，该画像通过捕获该研究者的研究兴趣。基于协同过滤的推荐技术是发现潜在引用的论文[83]。该混合方法推荐学术论文基本上可分为三步：首先，推荐系统需要建立用户的画像，对于每个候选的论文计算特征向量，进而发现与用户研究兴趣最相关的前 N 篇论文；其次，在已有的 N 篇论文中，运用协同过滤技术，发现有相似引用的论文；最后，计算相似度，产生推荐列表[84-86]。

在传统推荐技术的基础上，涌现了一些改进的推荐算法如 CBF-Separated，CF-CBF Separated 和 CBF-CF 并行算法[87]。基于 CBF-Separated 的算法是以基于内容的推荐算法为基础。基于 CF-CBF Separated 的算法包含两部分：CF 过程，该过程目的是产生一个候选论文的列表；CBF 过程，该过程在原有的候选论文的基础上，运用协同过滤技术进一步获得推荐的论文列表。CBF-CF 并行算法是同时运用两种推荐方法基于内容过滤的方法和基于协同过滤的方法来产生推荐列表。所有的混合方法的目的都是为了改进推荐的准确性。

除了上述提及的混合方法，也有一些特殊的推荐方法，如混合潜在因素模型和协同过滤的模型、概率主题模型、传播激活模型、EIHI 算法、FP-growth 算法等。

潜在因素模型被用于协同过滤推荐论文，该方法主要利用其他用户历史的记录或兴趣，来找到和目标用户相似的兴趣，进而进行推荐[19]。传播激活模型被用于基于内容的方法和基于用户的协同过滤推荐方法，其目的是发现与目标用户有相似兴趣的用户。EIHI 算法主要被用于动态变化的学术数据集，将该算法嵌入到基于内容的论文推荐系统中，能够得到实时更新的推荐列表，是一种非常具有个性化的推荐方法。此外，为了保证推荐论文的内容和质量，一个基于 multi-criteria 协同过滤推荐方法被用于检索所有语料库中的论文，其目的是改进推荐论文的质量[91]。

基于内容和基于图混合的推荐方法。基于内容的推荐方法和基于图的推荐方法的联合使用，能够提升推荐的准确性。一方面，基于内容的推荐方法能用于建立用户画像。另一方面，基于图的推荐方法能够用于发现潜在的候选论文，这些论文列表主要通过图的结构来实现。基于内容的推荐技术和引用网络被用于学术论文推荐系统，该系统能够得到相关的推荐的论文[92]。二分图包括两层论文层和作者层。论文层由论文组成，包括论文之间的引用关系；作者层包括作者和作者之间的关系。这些社交关系能够改进推荐论文的准确性[93]。

除了以上提及的论文推荐方法，还有一些其他的论文推荐方法如改进的 latent factor 模型、hash map 模型[94] 以及 bibliographic coupling[95] 等。有一个论文推荐方法，不仅用到 latent factor 模型，而且使用 modified topic 模型和矩阵分解方法[96]。在这个论文推荐方法中，latent factor 模型用于表示论文的内容，该模型使用用户-项目矩阵，论文的内容特征如题目、摘要，属性特征如作者、出版年，以及社交网络都用于作为输入特征。modified topic 模型主要用来表示用户和论文。基于前两个模型的实验结果，矩阵分解方法被用于预测目标用户的论文。

论文推荐系统中，研究者的数量要大大少于论文的数量。这样，建立引用矩阵或者用户-项目矩阵时，会存在许多空的元素。为了避免这样的问题发生，非稀疏矩阵（non-sparse matrices）被用于表示论文的引用图。传统的引用网络和非稀疏矩阵表示的引用网络见表 4.2 和表 4.3。

表 4.2　论文和引用矩阵

	$P1$	$P2$	$P3$	$P4$
$C1$	0	1	0	1
$C2$	1	1	0	0
$C3$	1	0	1	1
$C4$	1	0	0	0
$C5$	0	1	1	0

表 4.3　论文和引用的稀疏矩阵

$P1$	$P2$	$P3$	$P4$
$C2$	$C1$	$C3$	$C1$
$C3$	$C2$	$C5$	$C3$
$C4$	$C5$	—	—

在表 4.2 中，矩阵的列表示引用的论文，矩阵的行表示被引用的论文。如果矩阵第一列和矩阵第一行之间不存在引用关系，那么该值被设置为 0，存在引用关系，则该值被设置为 1。实际上，表 4.3 和表 4.2 表示相同的引用关系，只不过表 4.3 是以非稀疏矩阵形式表示引用关系。论文 $P1$ 被论文 $C2$、论文 $C3$ 以及论文 $C4$ 引用；论文 $P2$ 被论文 $C1$、论文 $C2$ 以及论文 $C5$ 引用；论文 $P3$ 被论文 $C3$ 和论文 $C5$ 引用；论文 $P4$ 被论文 $C1$ 和论文 $C3$ 引用。每一个非稀疏矩阵的行上均有一个哈希函数，相似性计算依赖这些哈希函数。

为了改进 CBF 方法，CBF 被用作预处理步骤[97]，然后利用 Long Short-Term Memory（LSTM）方法获取候选论文的语义表示[98]。最后，一个与内容相关的列表被推荐给研究者。为了帮助新进研究者快速开展工作，能够在线阅读更多的经典的工作，判断论文是否为经典论文的被提出[99] Citation Authority Diffusion（CAD）方法也被用于识别关键性的论文[100]。此外，也有一些其他方法用于推荐学术论文，如 Multi-Criteria Decision Aiding[101-102]、Bibliographic Coupling[95]、Belief Propagation（BP）[103]、深度学习、Canonical Correlations Analysis（CCA）[104] 以及 Singular Value Decomposition（SVD）方法[105]329 等。

表 4.4 显示了目前几种常见的推荐技术的优缺点。如 4.4 所示，每种推荐技术都有自己的优缺点，研究者可根据实际需要，设计相应的推荐方法。

表 4.4　比较几种常见技术的优缺点

技术	优点	缺点
基于内容的过滤技术	通过计算相似度，能够找到和研究者内容相关的论文；推荐的论文与研究者兴趣偏好相关	词的相关性不确定以及新用户问题
协同过滤的技术	推荐的结果可能是研究者非常需要的论文；推荐结果的质量是有保证的	冷启动问题和稀疏性问题
基于图的技术	考虑不同的数据源去推荐学术论文	没有考虑学术论文的内容和研究者的研究兴趣

4.3　评价指标

随着学术论文推荐方法逐渐增多，评价学术论文推荐方法的评价指标越发显得重要[106-108]。在这一节，我们主要综述用于评价推荐方法的评价指标，这些指标主要包括准确性（Precision）、召回率（Recall）、F 值（F-measure）、归一化折损累计增益（NDCG）、均值平均精度（MAP）、平均倒数排名（MRR）、均方根误差（RMSE）、平均绝对误差（MAE）、用户覆盖率（UCOV）。

4.3.1　准确性

推荐系统中，推荐给研究者的学术论文的评价指标，最常用的是准确性（Precision）。其公式如下：

$$Precision = \frac{Relevant\ papers}{Total\ recommended\ papers} \tag{4.9}$$

Precision 的值越大，说明准确性越高。在论文推荐系统中，为了减少统计的复杂性，通常计算前 N 项的准确性[105]。

4.3.2 召回率

论文推荐系统中召回率（Recall）是相关性的论文与推荐列表中所有相关论文比值。其公式如下：

$$\text{Recall} = \frac{\text{Relevant papers}}{\text{Total relevant papers}} \tag{4.10}$$

公式中分母是一个固定的值，主要是在语料库中所有相关论文的数量是固定的。值越高，排名越靠前。与准确性指标类似，召回率通常使用 Recall@m 指标表示相关论文的召回率。

4.3.3 *F*-measure

F-measure 作为度量推荐系统的度量指标，该指标既考虑准确性又考虑召回率。具体公式如下：

$$F = \frac{(a^2 + 1)(\text{Precision} \times \text{Recall})}{a^2(\text{Precision} + \text{Recall})} \tag{4.11}$$

由于 Precison 和 Recall 的范围介于 0~1，*F* 值越大，说明推荐的论文越有效。

4.3.4 NDCG

NDCG 也被用于评价学术论文推荐系统的评价[88]928。为了获得 NDCG 的值，需要首先计算 DCG 的值。DCG 的公式如下：

$$\text{DCG} = \frac{1}{|U|} \sum_{u=1}^{|U|} \sum_{j=1}^{J} \frac{g_{uj}}{\max(1, \log_b j)} \tag{4.12}$$

其中，U 表示论文推荐系统中用户的集合，J 表示推荐给用户的论文数量，$|U|$ 表示在 U 中用户的数量，j 表示推荐列表中推荐论文的位置，b 表示一个常量，g_{uj} 表示用户从论文中获得的相关论文。基于 DCG，NDCG 被定义如下：

$$\text{NDCG} = \frac{\text{DCG}}{\text{maxDCG}} \tag{4.13}$$

研究者从推荐论文中获得的有效论文主要依赖于推荐系统推荐的质量。如果 NDCG 的值大，那么认为推荐列表中推荐的有效论文比较高。

4.3.5　MAP

MAP（Mean Average Precision）是为了解决准确性、召回率以及 F 值的单点值局限性的。MAP 指标是一个能够反映全局性能的指标。AP 是在 0 和 1 之间的所有召回值的平均精度。AP 被定义如下：

$$AP = \frac{1}{m} \sum\nolimits_{k=1}^{N} P(R_k) \qquad (4.14)$$

其中，m 表示研究者相关论文的数量；N 表示推荐列表中论文的数量；$P(R_k)$ 表示检索结果的准确性。

4.3.6　MRR

与 NDCG 评价指标类似，MRR 这个指标用于确定排序的推荐论文列表的质量。其公式被定义如下：

$$MRR = \frac{1}{N} \sum\nolimits_{i=1}^{N} \frac{1}{rank_i} \qquad (4.15)$$

其中，N 表示目标论文的数量；$rank_i$ 表示第 i 篇目标论文的排名。

除了以上常用的推荐系统的评价指标，也有一些不太常用的指标。接下来，我们介绍这些不常用的指标。

4.3.7　RMSE

均方根误差是预测值与真实值偏差的平方与观察次数 n 比值的平方根。其公式被定义如下：

$$RMSE = \sqrt{\frac{1}{N}(r_{ij} - \hat{r_{ij}})^2} \qquad (4.16)$$

其中，r_{ij} 表示真实的评级值；$\hat{r_{ij}}$ 表示预测的评级值；N 表示测试集评级的数量。RMSE 值越小，说明预测结果越好。

4.3.8　MAE

MAE 是绝对误差的平均值，平均绝对误差能更好地反映预测值误差的实际情况。其公式被定义如下：

$$MAE = \frac{1}{n} \sum_{i=1}^{n} |f_i - y_i| \qquad (4.17)$$

其中，n 表示预测值的数量；f_i 表示论文 i 的预测评级；y_i 表示论文 i 的真实的评级。MAE 的值越低，推荐系统的预测评级越准确。

4.3.9 UCOV

由于有些用户从推荐系统中不能得到有用的信息，因而他们不能得到相关的论文，评价公式简化为

$$UCOV = \frac{U'}{U} \qquad (4.18)$$

其中，U' 表示系统中得到相关推荐的用户的数量；U 表示推荐系统中用户的数量。

4.4 挑战性的问题

在前面的节中，我们讨论了学术论文推荐系统的推荐方法和评价指标。尽管研究者们在学术论文推荐方面已经取得了前所未有的成绩，但是仍然存在一些有待解决的问题。在这一节，我们讨论现有的学术论文推荐系统中存在的挑战性的问题。这些问题包括冷启动、稀疏性、可扩展性、隐私性、偶然性以及统一的数据标准。

4.4.1 冷启动

在学术论文推荐系统中，对于新用户和新论文而言，冷启动问题是非常重要的问题[109]。

一方面，论文推荐系统是基于协同过滤的推荐方法，那么该系统将遇到新用户和新论文的冷启动问题[110]。对于推荐系统中的一个新用户，他或她是没有研究经历或者是很少有评级，这样，基于用户的协同过滤方法，不能发现该用户的相似用户。对于论文推荐系统中一篇新的论文，由于很少有研究者阅读该论文和

很少对该论文评级，所以这篇新的论文很难被推荐给需要这篇论文的用户。

另一方面，在基于内容的推荐系统中，研究者利用内容分析去表示论文和计算论文和用户画像之间的相似性，但是基于协同过滤方法需要分析研究者历史的记录。如果基于内容的方法不能抽取足够有用的信息去建立用户的画像，那么推荐系统推荐的学术论文是不可靠的。

4.4.2　稀疏性

在大多数的推荐系统中，都存在这样一个假定，用户的数量多于论文的数量或者和论文的数量相同。在这样的背景下，推荐系统是有效的。然而，事实是用户的数量远远小于论文的数量，而且大多数流行的论文缺少评级。

当利用协同过滤方法建立用户–项目评级矩阵，研究者会发现，这个评级矩阵是非常稀疏的，有太少的评级，而且用户之间关系也非常少[111]。如果推荐系统中论文有较少的评级，用户仅仅对少量论文进行评级的话，那么很难发现用户的相似用户。

4.4.3　可扩展性

在推荐系统中，可扩展性是指系统有能力在多个不同的包含大量数据的环境中有效地运行。目前，数字图书馆中论文的数量非常大，而且论文的状态随着时间的推移是不断改变的。每日都有非常多的用户和论文被加入到推荐系统中。对于学术论文推荐系统来说，这是非常具有挑战性的。传统的推荐方法如基于内容的推荐方法和基于协同过滤的推荐方法通常处理静态的数据集，一些新的推荐方法能够处理动态数据集如 EIHI。事实上，推荐系统都被希望能解决可扩展性问题。

4.4.4　隐私性

学术论文推荐系统利用用户的个人信息为用户提供个性化的推荐服务，其目的在于解决信息过载问题[112]。

大多数个性推荐系统收集尽可能多的用户信息，由于系统收集的信息可能包括用户的一些敏感信息，用户希望系统能够对其信息保密。因此，隐私保护问题是学术推荐系统的一个非常重要和有待解决的问题。

4.4.5 偶然性

传统的论文推荐系统通常推荐给用户感兴趣的和他们研究相关的论文。事实上，可能有些看似不相关的论文对用户也是有帮助的。例如，新用户需要阅读大量的研究论文来拓展他们的研究范围，进而发现他们的研究兴趣。资深研究者需要有可能关注其他研究领域的新的知识以丰富他们的研究[27] 307。

偶然性推荐有时候对研究者来说是非常有用的，如果推荐系统仅仅推荐给研究者偶然性的论文而没有相关性的论文，那么研究者会认为这个论文推荐系统是不可靠的。基于协同过滤的方法就能实现推荐给研究者偶然性的论文。

4.4.6 统一的学术标准

学术大数据主要依托于学术平台如谷歌学术、科学网以及集成数据系统（DBLP）等。还有些学术数据来源于在线的数据集如微软学术图谱（MAG）和美国物理学会（APS）数据集。这些数据集均有自己的特征，如 DBLP 数据集不包含引用关系，而 APS 数据集提供论文之间的引用关系。由于有不同的数据类型，构建学术论文推荐系统是非常具有挑战性的。而在学术论文推荐系统中，制定统一的学术数据标准也是一项非常具有挑战性的任务。

4.5 小结

本章主要介绍了学术论文推荐系统的方法包括基于内容过滤的推荐、基于协同过滤的推荐、基于图的推荐以及基于混合技术方法的推荐等。此外，本章详细介绍了论文推荐系统的评价指标包括准确性（Precision）、召回率（Recall）、F 值（F-measure）、归一化折损累计增益（NDCG）、均值平均精度（MAP）、平均倒数排名（MRR）、均方根误差（RMSE）、平均绝对误差（MAE）、用户覆盖率（UCOV）。最后，我们讨论了学术论文推荐系统中几个挑战性的问题：冷启动、稀疏性、可扩展性、隐私性、偶然性以及统一的数据标准。

注：本章研究成果发表在 2019 年的 *IEEE ACCESS* 期刊上，题目为 *Scientific Paper Recommendation：A Survey*。

参考文献

［1］KONG X,MAO M,WANG W,et al. VOPRec：Vector Representation Learning of Papers with Text Information and Structural Identity for Recommendation［J］. IEEE Transactions on Emerging Topics in Computing,2018,6(2):1-12.

［2］YU S,LIU J,YANG Z,et al. PAVE：Personalized Academic Venue recommendation Exploiting co-publication networks［J］. Journal of Network and Computer Applications,2017,104:38-47.

［3］TRAPPEY A,TRAPPEY C V,WU C Y,et al. Intelligent patent recommendation system for innovative design collaboration［J］. Journal of Network and Computer Applications,2013,36(6):1441-1450.

［4］SON J,KIM S B,et al. Academic paper recommender system using multilevel simultaneous citation networks［J］. Decision Support Systems,2018,105:24-33.

［5］XIA F,WANG W,BEKELE T M,et al. Big Scholarly Data：A Survey［J］. IEEE Transactions on Big Data,2017,3(1):18-35.

［6］LIU Q,ZHOU M,ZHAO X. Understanding News 2.0：A framework for explaining the number of comments from readers on online news［J］. Information & Management,2015,52(7):764-776.

［7］FAHAD A,ALSHATRI N,TARI Z,et al. A Survey of Clustering Algorithms for Big Data：Taxonomy and Empirical Analysis［J］. IEEE Transactions on Emerging Topics in Computing,2014,2(3):267-279.

［8］XIA F,WANG J,KONG X,et al. Exploring human mobility patterns in urban scenarios：A trajectory data perspective［J］. 2018 IEEE Communications Magazine,2018,56(3):142-149.

［9］LIU J,KONG X,XIA F,et al. Artificial Intelligence in the 21st Century［J］. IEEE Access,2018,6:34403-34421.

［10］SUN J,JIAN M,LIU Z,et al. Leveraging Content and Connections for Scientific Article Recommendation in Social Computing Contexts［J］. Computer Journal,2014,57(9):1331-1342.

［11］MIAH S J,VU H Q,GAMMACK J,et al. A Big Data Analytics Method for Tourist Behaviour Analysis［J］. Information & Management,2016,54(6):771-785.

［12］LIU H,ZHUO Y,LEE I,et al. Proceedings of IEEE International Conference on Smart City/

SocialCom/SustainCom（SmartCity），December 19-21. 2015［C］. IEEE,2015.

　　［13］WANG Y,YIN G,CAI Z,et al. A trust-based probabilistic recommendation model for social networks［J］. Journal of Network & Computer Applications,2015,55:59-67.

　　［14］AZNOLI F,NAVIMIPOUR N J. Cloud services recommendation:Reviewing the recent advances and suggesting the future research directions［J］. Journal of Network and Computer Applications,2017,77:73-86.

　　［15］ZHU L,XU C,GUAN J,et al. SEM-PPA:A semantical pattern and preference-aware service mining method for personalized point of interest recommendation［J］. Journal of Network and Computer Applications,2017,82:35-46.

　　［16］BOLLEN J,NELSON M L,GEISLER G,et al. Usage derived recommendations for a video digital library［J］. Journal of Network & Computer Applications,2007,30(3):1059-1083.

　　［17］CAO D,HE X,NIE L,et al. Cross-platform app recommendation by jointly modeling ratings and texts［J］. ACM Transactions on Information Systems,2017,35(4):1-27.

　　［18］SUGIYAMA K,KAN M Y. Proceedings of ACM/IEEE Joint Conference on Digital Libraries,June 21-25,2010［C］. ACM,2010.

　　［19］WANG C,BLEI D M. Proceedings of the 17th ACM SIGKDD International Conference on Knowledge Discovery and Data Mining,August 21-24,2011［C］. ACM,2011.

　　［20］FENG H,TIAN J,WANG H J,et al. Personalized recommendations based on time-weighted overlapping community detection［J］. Information & Management,2015,52(7):789-800.

　　［21］HE J,LIU H,XIONG H. SocoTraveler:Travel-package recommendations leveraging social influence of different relationship types［J］. Information & Management,2016,53(8):934-950.

　　［22］DAI T,GAO T,ZHU L,et al. Low-Rank and Sparse Matrix Factorization for Scientific Paper Recommendation in Heterogeneous Network［J］. IEEE Access,2018,6:59015-59030.

　　［23］SHARMA R,GOPALANI D,MEENA Y. Proceedings of International Conference on Pattern Recognition and Machine Intelligence,November 1-3,2017［C］. Springer,2017.

　　［24］HASSAN H A M. Proceedings of2017 International Conference on User Modeling,Adaptation,and Personalization,July 9-12,2017［C］. ACM,2017.

　　［25］XIA F,LIU H,LEE I,et al. Scientific Article Recommendation:Exploiting Common Author Relations and Historical Preferences［J］. IEEE Transactions on Big Data,2016,2(2):101-112.

　　［26］SONG T,YI C,HUANG J. Whose recommendations do you follow? An investigation of tie strength,shopping stage,and deal scarcity［J］. Information and Management,2017,54(8):1072-1083.

　　［27］SUGIYAMA K,KAN M Y. Proceedings of 11th annual international ACM/IEEE on Joint

Conference on Digital Libraries,June 13-17,2011[C]. ACM,2011.

[28]PERA M S,NG Y K. Exploiting the wisdom of social connections to make personalized recom-mendations on scholarly articles[J]. Journal of Intelligent Information Systems,2014,42(3):371-391.

[29]ZHAO W,WU R,LIU H. Paper recommendation based on the knowledge gap between a researcher's background knowledge and research target[J]. Information Processing & Management, 2016,52(5):976-988.

[30]ZHANG W,WANG J,FENG W. Proceedings of the 19th ACM SIGKDD international confer-ence on Knowledge discovery and data mining,August 11-14,2013[C]. ACM,2013.

[31]LI Y,YANG M,ZHANG Z M. Proceedings of the 22nd ACM Conference on Information and Knowledge Management,October 27-November 1st,2013[C]. ACM,2013.

[32]PAZZANI M J,BILLSUS D. Content-Based Recommendation Systems[M]. Springer,2007.

[33]JOMSRI P,SANGUANSINTUKUL S, CHOOCHAIWATTANA W. Proceedomgs pf the 24th IEEE International Conference on Advanced Information Networking & Applications Workshops,April 20-23,2010[C]. IEEE,2010.

[34]CARAGEA C,BULGAROV F,GODEA A,et al. Proceedings of 2014 Empirical Methods in Natural Language Processing,Oct 25-29 2014[C]. PublisherAssociation for Computational Linguistics, 2014.

[35]PHILIP S,SHOLA P B,JOHN A O. Application of Content-Based Approach in Research Paper Recommendation System for a Digital Library[J]. International Journal of Advanced Computer Science & Applications,2014,5(10):37-40.

[36]JIANG Y,JIA A,FENG Y,et al. Proceedings of 6th ACM 2012 Conference on Recommender Systems,September 9-13,2012[C],ACM,2012.

[37]BEEL J,LANGER S,BELA G,et al. The architecture and datasets of Docear's Research paper recommender system[J]. D-Lib Magazine,2014,20(1):11-12.

[38]BASU C,HIRSH H,COHEN W W,et al. Technical Paper Recommendation:A Study in Combi-ning Multiple Information Sources[J]. Journal of Artificial Intelligence Research,2001,14(1):231-252.

[39]HONG K,JEON H,JEON C. Proceedings of 8th International Conference on Computing and Networking Technology (ICCNT),Aug. 27-29,2012[C]. IEEE,2012.

[40]CHEN T,HAN W L,WANG H D,et al. Proceedings of IEEE 2007 International Conference on Machine Learning and Cybernetics,Aug. 19-22,2007[C],IEEE,2007.

[41]GAUTAM J,KUMAR E. An Improved Framework for Tag-Based Academic Information Sha-ring and Recommendation System[J]. Lecture Notes in Engineering & Computer Science,2012,2198

(1):1-6.

[42]FERRARA F,PUDOTA N,TASSO C. Proceedings of Digital Libraries and Archives-7th Italian Research Conference,January 20-21,2011[C]. Springer,2011.

[43]NASCIMENTO C,LAENDER A H F,DA SILVA A S,et al. Proceedings of 11th ACM/IEEE on joint conference on digital libraries,June 13-17,2011[C]. ACM,2011.

[44]HANYURWIMFURA D,BO L,HAVYARIMANA V,et al. An effective academic research papers recommendation for non-profiled users[J]. International Journal of Hybrid Information Technology,2015,8(3):255-272.

[45]BEEL J,LANGER S,GENZMEHR M,et al. Proceedings of the 13th ACM/IEEE-CS Joint Conference on Digital libraries,July 22-26,2013[C],ACM,2013.

[46]HONG K,JEON H,JEON C. Personalized Research Paper Recommendation System using Keyword Extraction Based on UserProfile[J]. Journal of Convergence Information Technology,2013,8(16):106-116.

[47]PATIL S,ANSARI M B. User profile based personalized research paper recommendation system using top-K query [J]. International Journal of Emerging Technology and Advanced Engineering,2015,5(9):209-213.

[48]PERA M S,NG Y K. Proceedings of the 20th ACM international conference on Information and knowledge,October 24-28,2011[C],ACM,2011.

[49]BALABANOVIĆ M,SHOHAM Y. Fab:content-based, collaborative recommendation[J]. Communication of the ACM,1997,40(3):66-72.

[50]VELLINO A. Recommending research articles using citation data[J]. Library hi tech,2015,33(4):597-609.

[51]YANG Z,LIN X,CAI Z. Collaborative Filtering Recommender Systems[J]. Foundations & Trends$^{®}$ in Human Computer Interaction,2007,4(2):81-173.

[52]TANG T Y,MCCALLA G. IEEE Internet Computing[J]. 2009,13(4):34-41.

[53]KOHAR M,RANA C. Survey paper on recommendation system[J]. International Journal of Computer Science and Information Technologies,3(2):3460-3462,2012.

[54]XU L,JIANG C,CHEN Y,et al. User Participation in Collaborative Filtering-Based Recommendation Systems:A Game Theoretic Approach [J]. IEEE Transactions on Cybernetics, 2018, 6(1):1-14.

[55]BEEL J,GIPP B,LANGER S,et al. Research-paper recommender systems:a literature survey[J]. International Journal on Digital Libraries,2016,17(4):305-338.

[56] VALCARCE D,PARAPAR J,BARREIRO Á. Item-based relevance modelling of recommendations for getting rid of long tail products[J]. Knowledge-Based Systems,2016,103(Jul. 1):41-51.

[57] BOGERS T,VAN DEN BOSCH A. Proceedings ofRecSys08:ACM Conference on Recommender Systems,October 23-25,2008[C]. ACM,2008.

[58] PARRA-SANTANDER D,BRUSILOVSKY P. Proceedings of I2010 IEEE/WIC/ACM International Conference on Web Intelligence and Intelligent Agent Technology,Aug. 31- Sept. 3,2010[C], IEEE,2010.

[59] MISHRA G. Optimised research paper recommender system using social tagging[J]. International Journal of Engineering Research and Applications,2014,2(2):1503-1507.

[60] LARSON R R. Introduction to information retrieval[J]. Journal of the Association for Information Science and Technology,2010,61(4):852-853.

[61] ASABERE N Y,XIA F,MENG Q,et al. Scholarly paper recommendation based on social awareness and folksonomy[J]. International Journal of Parallel,Emergent and Distributed Systems, 2015,30(3):211-232.

[62] XIA F,ASABERE N Y,LIU H,et al. Proceedings of the 23rd International Conference on World Wide Web,April 7-9,2014[C],ACM,2014.

[63] SARWAR B,KARYPIS G,KONSTAN J,et al. Proceedings of the 10th International World Wide Web Conference (WWW10),May 1-5,2001[C]. ACM,2001.

[64] HUANG Z,CHUNG W,ONG T H,et al. Proceedings of 2th ACM/IEEE Joint Conference on Digital Libraries,June 14-18,2002[C]. ACM,2002.

[65] ZHOU Q,CHEN X,CHEN C. Proceedings of IEEE 17th International Conference on Computational Science and Engineering,Dec. 19-21,2014[C]. IEEE,2014.

[66] TIAN G,JING L. Proceedings of 7th ACMConference on Recommender Systems,October 12-16,2013[C],ACM,2013.

[67] LIU H,KONG X,BAI X,et al. Context-Based Collaborative Filtering for Citation Recommendation[J]. IEEE Access,2017,3:1695-1703.

[68] GORI M,PUCCI A. Proceedings of 2006 IEEE/WIC/ACM International Conference on Web Intelligence,Dec. 18-22,2006[C],IEEE,2006.

[69] STEINERT L,CHOUNTA I A,HOPPE H U. Where to Begin? Using Network Analytics for the Recommendation of Scientific Papers[M]. Springer,2015.

[70] WANG Q,LI W,XIAO Z,et al. Proceedings ofAPWeb 2016:Web Technologies and Applications,Sep. 23-25,2016[C]. Springer,2016.

[71]PARASCHIV I C,DASCALU M,DESSUS P,et al. State-of-the-Art and Future Directions of Smart Learning [M]. Springer,2016.

[72]OHTA M,HACHIKI T,TAKASU A. Proceedings of Fourth International Conference on the Applications of Digital Information and Web Technologies (ICADIWT 2011), Aug. 4-6,2011[C]. IEEE,2011.

[73]FOUSS F,PIROTTE A,RENDERS J M,et al. Random-Walk Computation of Similarities between Nodes of a Graph with Application to Collaborative Recommendation[J]. IEEE Transactions on Knowledge and Data Engineering,2007,19:355-369.

[74]XU Z,JIANG H,KONG X,et al. Cross-domain item recommendation based on user similarity[J]. Computer Science and Infermation System,2016,13(2):359-373.

[75]NIU J,WANG L,LIU X,et al. FUIR:Fusing user and item information to deal with data sparsity by using side information in recommendation systems[J]. Journal of Network & Computer Applications,2016,70:41-50.

[76]DU M,BAI F,LIU Y. Proceedings of 2009 WRI World Congress on Computer Science and Information Engineering,March 31-April 2,2009[C]. IEEE,2009.

[77]GARFIELD E. Citation Analysis as a Tool in Journal Evaluation[J]. Science,1972,178(4060):471-9.

[78]GARFIELD E. New international professional society signals the maturing of scientometrics and informetrics[J]. The Scientist,9(16):1-11,1995.

[79]HAVELIWALA T H. Topic-sensitive PageRank:a context-sensitive ranking algorithm for Web search[J]. IEEE Transactions on Knowledge and Data Engineering,2003,15(4):784-796.

[80]TSOLAKIDIS A,TRIPERINA E,SGOUROPOULOU C,et al. Proceedings of the 20th Pan-Hellenic Conference on Informatics,Nov. 10-12,2016[C]. ACM,2016.

[81]WINOTO P,TANG T Y,MCCALLA G I. Contexts in a paper recommendation system with collaborative filtering[J]. International Review of Research in Open & Distance Learning,2012,13(5):56-75.

[82]SUGIYAMA K,KAN M-Y. Proceedings of the 13th ACM/IEEE-CS joint conference on Digital libraries,July 22-26,2013[C],ACM,2013.

[83]HERLOCKER J L,KONSTAN J A,BORCHERS A,et al. Proceedings of the 22nd annual international ACM SIGIR conference on Research and development in information retrieval,August 15-19,1999[C],ACM,1999.

[84]ZHANG M,WANG W,LI X. Proceedings of International Conference on Asian Digital Librar-

ies,December 2-5,2008[C]. Springer,2008.

[85]GIPP B,BEEL J,HENTSCHEL C. Proceedings of ICETiC'09 International Conference on Emerging Trends in Computing,Jan. 8-10,2009[C]. ICETiC,2009.

[86]AMAMI M,FAIZ R,STELLA F,et al. A graph based approach to scientific paper recommendation[J]. Applications of Natural Language to Data Bases,2017,9612:777-782.

[87]HAMMOU B A,LAHCEN A A,MOULINE S. APRA:An Approximate Parallel Recommendation Algorithm for Big Data[J]. Knowledge-Based Systems,2018,157(1):10-19.

[88]ZHANG Z,LI L. Proceedings of 2nd International Conference on Information Science and Engineering,Dec. 4-6,2010[C],IEEE,2010.

[89]DHANDA M,VERMA V. Recommender System for Academic Literature with Incremental Dataset[J]. Procedia Computer Science,2016,89:483-491.

[90]IGBE T,OJOKOH B. Incorporating User's Preferences into Scholarly Publications Recommendation[J]. Intelligent Information Management,2016,08(2):27-40.

[91]NAAK A,HAGE H,AIMEUR E. Proceedings ofInternational Conference on E-Technologies. May 4-6,32009[C]. Springer,2009.

[92]BEEL J,AIZAWA A,BREITINGER C,et al. Proceedings of the 17th ACM/IEEE Joint Conference on Digital Libraries,June 19-23,2017[C]. ACM,2017.

[93]WANG,G,HE X,et al. HAR-SI:A novel hybrid article recommendation approach integrating with social information in scientific social network[J]. Knowledge Based Systems,2018,148(15):85-99.

[94]HONARVAR A R,KESHAVARZ S. Proceedings of International Conference on Electrical Contral Engineering,April 18-21,2015[C]. IEEE,2015.

[95]HABIB R,AFZAL M T. Paper recommendation using citation proximity in bibliographic coupling[J]. Turkish Journal of Electrical Engineering and Computer Sciences,2017,25(4):2708-2718.

[96]KOREN Y,BELL R,VOLINSKY C. Matrix Factorization Techniques for Recommender Systems[J]. Computer,2009,42(8):30-37.

[97]RAVI K M,MORI J,SAKATA I. Proceedings of IEEE 2017 Portland International Conference on Management of Engineering and Technology (PICMET),July 9-13,2017[C]. IEEE,2017.

[98]HOCHREITER S,SCHMIDHUBER J. Long Short-Term Memory[J]. Neural Computation,1997,9(8):1735-1780.

[99]WANG Y,ZHAI E,HU J,et al. Proceedings of IEEE Seventh International Conference on Fuzzy Systems and Knowledge Discovery,Aug. 10-12,2010[C]. IEEE,2010.

[100]CHEN C H,MAYANGLAMBAM S D,HSU F Y,et al. Proceedings of 2011 International

Conference on Technologies and Applications of Artificial Intelligence, Nov. 11 – 13, 2011 [C]. IEEE,2011.

[101]MATSATSINIS N F,LAKIOTAKI K,DELIA P. Proceedings of 11th Panhellenic Conference on Informatics,May 18-20,2017[C]. Springer,2007.

[102]MANOUSELIS N,COSTOPOULOU C. Analysis and Classification of Multi-Criteria Recommender Systems[J]. World Wide Web,2007,10(4):415-441.

[103]HA J,KWON S-H,KIM S-W,et al. Proceedings of the 2014 Conference on Research in Adaptive and Convergent Systems,October 5-8,2014[C]. ACM,2014.

[104]GUPTA S, VARMA V. Proceedings of the 26th International Conference on World Wide Web Companion,April 3-7,2017[C]. ACM,2017.

[105]HA J,KWON S-H,KIM S-W. Proceedings of the 26th ACM Conference on Hypertext & Social Media,September 1-4,2015[C]. ACM,2015.

[106]BEEL J,GENZMEHR M,LANGER S,et al. Proceedings of the International Workshop on Reproducibility and Replication in Recommender Systems Evaluation,Oct. 12,2013[C]. ACM,2013.

[107]BEEL J, LANGER S. Proceedings of International Conference on Theory and Practice of Digital Libraries,Sep. 14-18,2015[C]. Springer,2015.

[108]ISINKAYE F O,FOLAJIMI Y O,OJOKOH B A. Recommendation systems:Principles, methods and evaluation[J]. Egyptian Informatics Journal,2015,16(3):261-273.

[109]KUMAR B,SHARMA N. Approaches,issues and challenges in recommender systems:A systematic review[J]. Indian Journal of Science and Technology,2016,9(47):1-12.

[110]SCHEIN A I,POPESCUL A,UNGAR L H,et al. Proceedings of the 25th annual international ACM SIGIR conference on Research and development in information retrieval,August 11 – 15, 2002[C]. ACM,2002.

[111]LUO X,ZHOU M,LI S,et al. An Efficient Second-Order Approach to Factorize Sparse Matrices in Recommender Systems[J]. IEEE Transactions on Industrial Informatics,2017,11(4):946-956.

[112]LAM S,FRANKOWSKI D,RIEDL J. Proceedings of International Conference on Emerging Trends in Information and Communication Security,June 6-9,2006[C]. Springer,2006.